Anonymous

Die Maler

Ein Lustspiel. Aufgeführt auf dem Churfürstlichen Nationaltheater zu München

Anonymous

Die Maler
Ein Lustspiel. Aufgeführt auf dem Churfürstlichen Nationaltheater zu München

ISBN/EAN: 9783744671163

Hergestellt in Europa, USA, Kanada, Australien, Japan

Cover: Foto ©berggeist007 / pixelio.de

Weitere Bücher finden Sie auf **www.hansebooks.com**

Die
Maler,
ein
Lustspiel.

Aufgeführt auf dem Churfürstlichen Nationaltheater zu München.

~~~~~~~~~~~~~~~~~~~~~~~~~~~~~~~~

München, 1783.
Bey Johann Baptist Strobl.

Personen.

Glimour.

Ebrecht.

Rosa, Ebrechts Tochter.

Baron Kranberg.

Gräfinn Herrbach.

Stephan, Glimours Diener.

Erster Auftritt.

Glimour, Stephan.

Glimour's Zimmer. Er ist beschäftigt ein Miniaturporträt, welches an seiner Stafelei hängt, ins große zu malen.

Glimour. (Seine Arbeit betrachtend)

Ja, freilich! ein Mädchen wird's immer; auch zur Noth ein hübsch Mädchen. Ob's aber mein Röschen wird! — Es ist verdammt schwer aus so einer winzigen Schülerarbeit eine helle Vorstellung zu fassen. Meine Phantasie arbeitet zu viel für ein Porträt. — Ich mein, die Oberlippe ist noch

A 2　　　　　zu

zu platt, das iſt's, was ich in einer Phi⸗
ſiognomie am wenigſten leiden kann! (malt)
So! — heraus! nicht ſo ſpöttiſch! edler!
ſo! hm! vielleicht kanns werden! (malt)
Das Aug mehr offen! Den Winkel nicht ſo
ſpitzig! — Ha! was ein paar Pinſtelſtriche
nicht thun können! Nu, nu, für einen
Hiſtorienmaler mag der Kopf immer hingehen.

Stephan. Der Herr Baron von Kran⸗
berg läßt ſich Ihnen empfehlen, und in einer
halben Stunde möchte er Sie heimſuchen.

Glim. Wird mir lieb ſeyn. Meine
Empfehlung!

Steph. Die Gräfin Herrbach kömmt
mit ihm.

Glim. Gut. Meine Empfehlung! — Ich
hoffe, daß Ebrecht ſeine Arbeit fertig hat.
(ſteht auf) Das ſoll ein guter Tag für mich
werden, wenn mein Vorhaben gelingt, und
ich

ich hoff' es soll. — Stephan! — wenn
ich nur der Visiten überhoben wäre; die
Leute glauben mir eine Ehre damit zu erzei-
gen! ja, wenns Männer wären, mit denen
sich etwas über Kunst und Geist sprechen
ließ! aber so — — Doch, heute gehört ihre
stolze Dummheit in meinen Plan! — Stephan?

Steph. kömmt.

Glim. Die Staffelei auf die Seite!
Ein wenig aufgeräumt! (er nimmt das Gemälde von der Staffelei weg, und stellt's ver-
kehrt an die Wand.)

Steph. Ei! das ist ja — —

Glim. Was! was ist!

Steph. Ich mein, das wär die Mamsell Ebrecht!

Glim. Meint er? (zeigt's ihm)

Steph. Leibhaftig, mein Seel! (er
stellt sich nach dem Licht und betrachtets) der

Kopf

Kopft geht scharmant hervor, wie lebendig!
scharmant! mein Seel! — aber, Herr! sie
hat Ihnen ja nicht gesessen, und Sie sahen
Sie gewiß nicht über drey oder viermal! das
konnte mein voriger Herr nicht.

Glim. Wer war das?

Steph. Ein Maler, den ich hier be=
diente.

Glim. Wie hieß er?

Steph. Ja sein Name war so kauder=
wälsch, daß ich ihn niemals behalten konnte.
Er war ein Franzose, und hielt sich hier
eine Zeitlang auf. Das war mir ein rech=
ter —

Glim. Was?

Steph. Windbeutel! Der machte den
Leuten hier einen Dunst vor die Augen.
Ich ärgerte mich oft, über meine Landsleute,
wenn sie so da standen und Maul und Nase
auf=

aufsperrten, wenn der Quackſalber ihnen über
Dinge räſonnirte, die er ſo wenig verſtund,
als ſie. Er lief aus einem Herrſchaftshauſe
in das andere, küßte die Hände, machte
Bücklinge. Deshalb ſah' man ihn auch im=
mer in nobler Geſellſchaft. Unſre junge Rit=
ter hatten ihren Erzſpaß mit ihm; ſie nann=
ten ihn ſchlechtweg bei ſeinem Namen, ſie
ſtießen ihm in die Rippen, peitſchten ihn
mit ihren Sommerſtöckchen um die Waden,
und mein Herr lachte ſich halb tod über den
gnädigen Spaß. Ich glaube er hätte ge=
ſtolen und gekuppelt, wenn er dafür ſich ei=
nem Grafen in den Arm hängen, und ſo
mit ihm über die Straße ſchlenzen, oder mit
einer Gräfinn ſpazieren fahren durfte. Was
war's am Ende? Er verſäumte ſeine Ar=
beiten, Abends war Spiel und Soupper bei
ihm, er machte Schulden, konnte nicht

zah=

8

zahlen, und gieng auf und davon. Mein
Lohn steht noch hinter der Thür.

Glim. Das mag wohl das schlimmste
an ihm gewesen seyn?

Steph. Nein, mein Seel nicht! wenn's
heut in ihrem Belieben stünde ohne mich zu
zahlen zu verreißen; so müßte ich als ein ehr=
licher Kerl immer sagen: Das war ein wa=
ckerer Künstler, nicht stolz, nicht pralend,
nicht kriechend, der nicht durch hofiren und
Händeküssen sich einen Glanzfirniß zu geben
suchte!

Glim. Nu, nu, ich dank einsweilen
und zahlen werd' ich auch. Gehe er izt
zum Herrn Ebrecht, und sag' er ihm, daß
ich ihn diesen Morgen mit dem Bewußten
zu sehen hoffe! Mein Complement! ——
Wenn mein Aufwärter einen galonnirten
Rock an hätte, so könnte er wohl für einen
klugen

klugen Mann gelten. Das hätt' ich in ei=
nem Farbenreiber nicht gesucht, weil ich es
oft in einem Manne von Distinktion suchte
und nicht fand. (er nimmt das Porträt und
betrachtet es aufmerksam)

Zweyter Auftritt.

Stephan, Rose, Glimour.

Steph. Hier ist die Mamsell Ebrecht
selbst! (ab)

Glim. Ha! (stellt's hastig wieder hin)

Rose. Ihre Dienerinn, Monsieur Gli=
mour.

Glim. Empfehle mich! (sieht sie steif
an)

Rose. Mein Vater läßt — sich Ihnen
empfehlen, und ich soll Ihnen melden, daß
die bestellte — Arbeit fertig ist. Sie sollen
nur befehlen, ob man die Stücke hierher
bringen soll.

A 5 Glim.

Glim. Empfehle mich! (Er merkte auf kein Wort, sondern war ganz Aug', nahm verschiedene Standpunkte um sie von der Seite anzusehen, wie er sie malt)

Rose. Befehlen Sie?

Glim. Gehorsamer Diener! (macht wieder ein Compliment und fährt fort sie zu studiern)

Rose. Monsieur Glimour! (sie wendet das Gesicht weg und scheint das Zimmer zu betrachten)

Glim. Das frische, jugendliche ist weg und dannoch schön, dannoch mein Röschen — Mamsell Ebrecht! befinden Sie Sich wohl, und ihr Vater, was macht er? Sind die Stücke fertig!

Rose. Ich kam um Ihnen zu sagen, daß sie fertig sind.

Glim. Wo sind sie?

Rose. Zu Hause. Sie sollen befehlen, ob —

Ja

Glim. Ja, ja, gleich. Ihr Vater soll mit kommen. Ich will hinschicken!

Rose. Laſſen Sie, ich gehe ſelbſt!

Glim. Nein, nein, (geht hinaus)

Rose. Gut, daß er meine Verwirrung und Thränen nicht bemerkte! Karl! wie tief liegt dein Andenken in meinem Herzen! Ein paar Züge, die dieſer Fremde mit dir ähnlich hat, wecken meine ganze Liebe wieder zu Flammen auf!

Dritter Auftritt.

Glimour, Baron Kranberg, Rose.

Kranb. So! ſo! Monſieur Glimour! ſchöne Geſellſchaft!

Glim. (ſieht Roſen wieder ſteif an, nimmt einen Pinſel, knict ſich zu dem Porträt, kehrt es halb um, ſo, daß es die andern nicht ſehen können, und thut einige Striche)

Kranb.

Kranb. (zu Rose) Daß die Virtuosen doch alle einen kleinen Streich haben! Ich gaube er malt uns! Könnten wir ihm nicht eine schönere Gruppe geben? He!

Rose. O ja! Ihre Dienerinn! (ab)

Kranb. Nun, Monsieur Glimour, darf mann's nicht sehen?

Glim. Erlauben Sie, es fiel mir eben was ein — Aber Herr Baron, ließen Sie mir nicht sagen, daß sie nach einer halben Stunde mit der Frau Gräfinn von Herrbach?—

Kranb. Ja, ich werde die Dame gleich abholen. Izt bin ich nur gekommen um ein paar Worte mit Ihnen zu sprechen, eben in betreff ihres Glückes.

Glim. Sie verbinden mich sehr.

Kranb. Wenn sie wünschen sich hier zu etabliren, so könnte mein Rath Ihnen nicht undienlich seyn.

                                        Glim.

Glim. Zu viel Güte!

Kranb. Da Sie ein Ausländer und da=
zu ein Franzose sind, so haben Sie freilich
hier das meiste gewonnen, über dieß haben
Sie sich durch ihre Arbeiten bekannt und schätz=
bar gemacht. Aber Talent allein ist nicht
genug um sein Glück zu machen.

Glim. Ich hoffe, daß mein Charakter
und meine Aufführung —

Kranb. Das ist gut, aber nicht ge=
nug. Protektion ist die Hauptsache, und um
Ihnen die zu verschaffen, hab ich die Grä=
sinn dahin vermögt, daß sie daher kömmt.

Glim. Es wird mich freuen, wenn
Ihr meine Arbeit gefällt.

Kranb. Ich zweifle nicht. Bedenken
sie nur, daß sie eine Frau vor sich haben
werden, die sehr reich und angesehen ist, und
die den Ton in unsern Gesellschaften an=
giebt.

giebt. Machen Sie, daß sie ihr gefallen, so gefällt ihre Arbeit gewiß.

Glim. Besizt sie Kenntnisse und Gefühl?

Kranb. Kein's von beiden.

Glim. So wird's mich freuen, wenn ich und meine Arbeiten ihr nicht gefallen!

Kranb. Aber Ihr Glück!

Glim. Mein Glück ist mein, Herr Baron! Für die Kunst und von der Kunst zu leben, das ist mein Glück. Die Kunst giebt sparsame Mahlzeiten, aber sie gedeihen, denn Freiheit ist eine köstliche Würze. Zum Kour machen, zur galonnirten Sclaverei bin ich ein ungerathener Mensch; die Natur hat mich so steif und gerad gemacht, daß es mir wehe thut wenn ich mich tief bücken muß. Ich hab in meinen Historienstücken schon so viele Sultane und Helden und Ritter gemalt,

daß

daß ich nun mit dergleichen Geschöpfen ganz
ohne Umstände zuwerk gehe, ja manchmal
behagte es mir besser bey einem Bauernko=
pfe, in dem ich mehr Seel und Würde fand.
Das Resultat der Beobachtungen, die wir
als Künstler in unsern Studierzimmern an=
stellen, bleibt uns auch da, wo wir nicht
als Künstler erscheinen sollen, vor Augen;
deshalb taugen wir nicht in ihre sogenannte
schöne Welt. Ich nun gar nicht, denn ich
fürchte, mein Ideal von Schönheit möchte
mir in dieser schönen Welt gar zu Grunde
gehen, durch den immerwährenden Anblick
vergleisterter oder krüpelhafter Physiogno=
mien und krüpelhafter Herzen.

Kranb. Impertinenter Kerl! — freilich,
freilich so räsonniren wir andern in puncto
artis, ich weiß es wohl; aber doch muß man
einmal eine Rolle in der Welt spielen. Se=

hen

hen Sie, ich bin doch auch ein Mensch, der
was gelernt hat. Bin zwei Jahr in Paris
gewesen. Ma foi! j'ai au tout ce qu'il y
a de plus joli en manieres, femmes, sca-
vans et modes; mais nun ich in Deutschland
bin, muß ich ein deutsch Liebchen singen.
Apropos! haben sie nicht ein paar Land=
schäftchen fertig? Ich möchte sie gern kau=
fen, der Graf Nehmgern ist ein großer Lieb=
haber, und ich brauch ihn zu einem Amt,
das ich suche. Haben Sie nichts, lieber
Freund?

Glim. Ich habe wirklich nichts, als
die zwei Stücke, die sie für die Gräfinn
Herrbach bestellt haben. Es ist noch nicht
lange, daß ich mich auf die Landschaft verlege.

Kranb. Oder Historien, gleich viel!

Glim. Da in dem Zimmer stehen einige
Stücke; ist Ihnen gefällig sie anzusehen?

Kranb.

Kranb. Hernach. Ich will itzt die Gräfinn abholen. Leben Sie wohl!

Glim. Ihr Diener, Herr Baron! — Was mich der Mann so glücklich machen will! und das alles für ein paar Landschäftchen und Historien, die er kaufen will, mit neuen Rathschlägen oder mit meinem eignen Gelde. Herr Baron! gieb meinem Stephan deinen Titel, und reib du Farben!

Vierter Auftritt.

Stephan bringt zwei Gemälde.

Steph. Hier! das schickt der Herr Ebrecht.

Glim. Ist er nicht mitgekommen?

Steph. Nein; aber die Mamsell Ebrecht.

Glim. Wo ist sie?

Steph. Sie wartet auf die Tücher.

B   Glim.

Glim. (macht die Tücher von den Gemälden)
Ich ließ sie bitten, herauf zu gehen! —
(sieht die Gemälde an) Bravo! bravo, Alter!
was du machst, ist herrlich; und so verkannt,
so arm, so elend bist du? — Warlich!
hätt's nicht Ebrecht, mein Lehrmeister, mei=
nes Röschen Vater gemalt, so möcht ich's
gemalt haben!

Fünfter Auftritt.

Rose, Glimour.

Glim. Und sie wollten wieder nach
Hause, ohne mir das Vergnügen zu gön=
nen, Sie zu sehen? Wie kömmts, Mamsell,
daß Sie mich fliehen? In der That, Sie
fliehen mich.

Rose. O mein Herr, gewiß nicht! Sie
sind meines Vaters Wohlthäter.

Glim.

Glim. Nicht doch! ich bin ihm noch viel, viel ſchuldig. Ich liebe Ihren Vater und — liebe alles, was ihm angehört.

Roſe. Er fühlt die ganze Schönheit Ihres Betragens; und wer ſollte ſie nicht fühlen?

Glim. Loben Sie mich nicht, Mamſell! ich wäre ſchwach genug, alles zu glauben, was Sie mir ſagen; denn, wenn ich in eines Menſchen Augen einigen Werth haben möchte, ſo wär's in den ihrigen.

Roſe. Sie haben zu viel Werth für meine Hochachtung.

Glim. Wenn ich das verſtehen dürfte, wie mein Herze wünſcht —

Roſe. (wird verwirrt) Erlauben Sie — ich will —

Glim.

Glim. O bleiben Sie! ich bitte. Hö=
ren Sie! Ich möchte es gern wagen, Sie
um eine Gefälligkeit zu ersuchen, wenn ich
hoffen dürfte —

Rose. Was ein Mann, wie Sie, von
mir zu verlangen im stande ist, darf ich
voraus zusagen.

Glim. Wollten Sie die Güte haben,
einen Augenblick niederzusitzen? Sehen Sie,
ich habe da einen Kopf angefangen, den ich
gern vollenden möchte. Ich weis noch nicht,
was daraus wird: denn meine Phantasie ist
seit einiger Zeit zu zerstreut, als daß sie
mein Ideal festhalten könnte. Ich muß sie
fixiren, und das auf einen Gegenstand, der
mich an meine Idealzüge erinnert.

Rose. Mein Herr! ich bin gewiß der
Gegenstand nicht, der an etwas Vortrefliches
erinnern kann — Doch Sie wollen es ha=
ben — (sezt sich)   Glim.

Glim. Beim Himmel! Mamſell, Sie
erinnern mich an alles Gute und Selige, was
die Erde für mich hat!

Roſe. (für ſich) Ach! auch du mich!

Glim. (nimmt das Pallet zur Hand, und
ſezt das Gemälde auf die Staffelei)

Roſe. (erſchrickt) Gott!

Glim. Sie erſchrecken, Mamſell? wor‐
über?

Roſe. Ich bin ein Kind! Da Sie das
Gemälde umkehrten, glaubte ich, es ſey mein
Porträt. Aber — (ſchwermüthig) es iſt's
nicht mehr!

Glim. Nicht mehr? — Ich weis
nicht, was es iſt: denn ich ſehe nur mein
Original, und das iſt hier in meinem Her‐
zen. — Wollen Sie ſo gut ſeyn, den Kopf
ein wenig rechts!

(der alte Ebrecht tritt unbemerkt herein,
und bleibt verwundernd ſtehen)

B 3 Roſe.

Rose. In der That, mein Herr! wenn Sie mich verschonen wollten: Ihre Arbeit verliert gewiß durch mich, und ich bedenke erst izt, daß ich nach Hause muß!

Glim. So soll der schönste Augenblick für mich verloren gehen! O Röschen! halten Sie mir Wort!

Rose. Aber was soll Ihnen dieses älternde Gesicht zu jenem blühenden Kopfe? Sie suchen Mairosen im Herbstmonat. Ach! lassen Sie mich. (sie steht auf, und erschrickt, da sie ihren Vater erblickt) Mein Vater!

Sechster Auftritt.
Ebrecht, Rose, Glimour.

Ebr. Nu, Röschen, erschrick nicht! Gehorsamer Diener, Herr Glimour!

Glim. Guten Tag, mein Freund! Ach! Herzensmann, was Sie mir da geschickt haben!

haben! (drückt ihm die Hand) Möge Ihnen dieser Druck sagen, was ich bei Ihrer Arbeit fühl' und nicht sagen kann!

Ebr. Nu, so abgelebt bin ich noch nicht, daß ich in dem Händedruck eines simpathisirenden Mannes nicht alles fühl'. Ich hab mit Lust gearbeitet, weil ich bei jedem Pinselstrich dachte: du kömmst in eines Künstlers Aug'! — Aber was arbeiten Sie denn da? — Ei! das ist ja meine Tochter! — Nein, nein — sie war's! — Das ist seltsam! Ich sollte schwören, sie hätte Ihnen vor acht Jahren gesessen: da glich mein Mädchen diesem Kopfe, wie ein Tropfen Wasser dem andern — aber izt nicht mehr!

Glim. Aber Ihre Mamsell Tochter ist noch in dem Frühling ihres Lebens; ihre Reize müssen izt mehr entwickelt, mehr entschieden seyn. (Röschen stielt sich hinaus)

B 4 *Ebr.*

Ebr. Sie sollten freilich natürlicherweise — aber der Kummer, der Kummer! Sehen Sie, mein Röschen ist ein herzguts Ding; sie härmte sich ab wegen meiner Armuth, und dann hatte sie auch hier (zeigt aufs Herz) einen Verdruß, der ihre Blüthen versengte.

Glim. (äußerst bestürzt) O mein Gott! eine Liebe!

Ebr. Eine Liebe, die unter meinen Augen entsp... Es war der erste Eindruck auf ihr junges Herz, und so, wie es die Natur aus dem edelsten Stof geformt hat, wird dieser Eindruck nicht bald vergehen — ich fürchte, nimmermehr!

Glim. Ihre erste Liebe war's? und wie hieß der, den sie liebte?

Ebr. Es war ein junger Mensch, den ich aufnahm, und dem ich meinen besten Unterricht gab. Er war von Seiten seines

Kopfes

Kopfes und seines Herzens kein Alltags=
mensch, für die Kunst schien er geboren. Ich
liebte ihn, und wäre, weiß Gott! meiner
Tochter gram geworden, wenn sie ihn nicht
·geliebt hätte. Aber dafür war keine Noth.
Ihre Empfindungen waren mir kein Geheim=
niß, und ich freute mich deren, denn es
waren zwo edle Seelen. Die Talente des
Jünglings entwickelten sich schneller durch die
Liebe; in allem, was er malte, Mensch oder
Blum, Thier oder Wald, es war Lieb und
Leben drinn. Auf einmal, ich weiß nicht,
wie's kam, ward der Junge schwermüthig;
er seufzte über meine Armuth, klagte laut
über sein Vaterland, kurz, seine Grillen brach=
ten ihn so weit, daß er den Entschluß faßte,
verstohlnerweise auf und davon zu gehen.
Ich gehe in die Welt, schrieb er mir, und
suche das Glück; und wenn ich's finde, so
bring ich's zu Ihnen. Der gute Junge dachte

B 5   nicht,

nicht, welch thörichte Arbeit es sey, etwas zu suchen, was nicht verloren war.

Glim. Wer weis? vielleicht fand er's doch! — Aber Ihre Tochter, kränkte sie sich?

Ebr. O! da sah' ich erst, wie weit es mit ihrem Herzen gekommen war. Sie ward krank, kam zwar vom Grab zurück, aber ihre Lebhaftigkeit, ihre jugendliche Reize blieben aus.

Glim. (für sich) O mein Röschen! — Wenn nun der Mensch zurück käm' und —

Ebr. Ei, ei nicht doch! ich will nicht mehr träumen. Lieber von was anderm. Ich kann mich nicht genug verwundern über die Aehnlichkeit dieses Kopfes mit meiner Tochter. Sie hat Ihnen doch nie gesessen? Vor acht Jahren hätt ich meinen Kopf drauf verwettet, daß dieß ihr Porträt wäre; jezt aber kann ich das nicht sagen, und doch — doch ist's mein Röschen!

Glim.

Glim. Warlich, sonderbar! aber nicht unbegreiflich. Unsre Phantasie trifts manch= mal mit der Natur.

Ebr. Aber so Zug für Zug!

Glim. Daran ist vermuthlich Ihre Tochter schuld. Hätte ich sie nicht gesehen, so wär' vielleicht dieß und das und jenes an= ders geworden; aber, warlich, so ist's besser! (er stellt das Porträt wieder umgekehrt auf den Boden) Nun, mein Freund, will ich Ihnen auch zeigen, was ich gemacht habe. Freilich nur Schülerarbeit gegen die Ihrige!

(stellt zwo Landschaften auf)

Ebr. Vortreflich, Herr Glimour! recht brav!

Glim. Das ist viel in Ihrem Munde! Aber ich meyn', Sie sollen mich zu gut ken= nen, um mir zu schmeicheln. Sagen Sie

mir

mir nur, ob ich einst im Stande seyn werde,
so etwas zu liefern?

(zeigt auf Ebrechts Gemälde)

Ebr. Sie sind ein Maler! — daß Sie
aber so ganz meine Manier haben, das
wundert mich.

Glim. Noch nicht so ganz, wie ich
wünsche. Sehen Sie nur selbst!

(Ebrechts Stücke betrachtend)

Ebr. Ich muß ihnen nur gestehen, daß
ich diese Stücke schon ein Jahr fertig habe,
und ich halte sie für meine beste Arbeit.

Glim. Und Sie machten nicht Ihr
Glück mit diesem Meisterwerk? Sie litten
Noth, und waren der Mann, der so was
machen konnt?

Ebr. O mein Freund! Sie kennen mein
Vaterland nicht. Ich bin nicht der einzige
und nicht der beste Künstler, der hier darbte.

Man=

Mancher große Mann nagte hier am Hunger=
tuch und lebte verachtet, und mußte zusehen,
wenn man ausländische Arbeiten theuer be=
zahlte, die er für die Hälfte besser gemacht
hätte. Ich könnte Ihnen eine Menge Bei=
spiele nennen. Diese beiden Stücke ließ ich
vor langer Zeit einigen sogenannten Ken=
nern und Liebhabern sehen. Man nannt es
Schmiererei: denn der hiesige Maler Ebrecht
hat's gemacht.

Glim. Die Gräfinn Herrbach hat sie
vermuthlich nicht gesehen, und der Baron
Kranberg.

Ebr. Die waren's eben, welche das
Urtheil sprachen, daß meine Arbeiten nichts
taugen. Es ist Sudelei! sagten sie.

Glim. Verdammt! eben die! — Doch,
gut! das sollen sie mir widerrufen, hier in
Ihren Augen. Freilich wird es Sie mehr
ver=

verdrüßen, wenn Ihre Arbeiten von solchen
Menschen gelobt werden; aber doch des
Spaßes halber wollen wir's darauf ankom=
men lassen. Ich erwarte die Gräfinn und
den Baron jeden Augenblick. Wenn sie kom=
men, so will ich Ihre Stücke für meine Ar=
beit ausgeben, und Sie, Freund, müssen sa=
gen, das wären Ihre Stücke.

Ebr. Aber, Herr Glimour! ist es nicht
zu frevelhaft, mit so hohen Herrschaften sei=
nen Spaß zu treiben?

Glim. Guter Mann! wenn nun der
liebe Gott diese Leute zum Belachen gemacht
hat, warum sollen wir ihm nicht gehorchen
und lachen?

Ebr. Aber wär's nicht besser, wenn ich
weggieng? Ich befinde mich gar nicht gern
in so hohen Gegenwarten; sie sehen einen
Bürgersmann so über die Schulter an, und
das kann ich nicht leiden.   Glim.

—

Glim. Bleiben Sie, und denken Sie, wer Sie sind!

Ebr. Schon Recht; aber wenn ich nur — —

Glim. Was?

Ebr. Wenn ich nur wenigst meine Sonntagsperüke hier hätte!

Glim. O laſſen Sie nur Ihre Sonntagsperüke in Ruhe! das würde meinen Gemälden zu viel Anſehen geben. Aber ich will einen Goldlappen umhängen, damit die Ihrigen mehr brilliren. Sie erlauben!

(geht ins Nebenzimmer)

Ebr. Ei, ei, ei! und ich ſoll in dieſem Lumpenaufzug erſcheinen! Man möchte mich für ein altes Porträt halten, das aus ſeiner Rahme geloffen wäre. Nein, nein, das geht nicht! Wenn Herr Glimour mit ſeinem Ausſehen meiner Arbeit Ehre macht,

ſo

fo foll meine Sonntagsperüke auch zum
Beften feiner Arbeit das ihrige thun. (Ste:
phan kömmt) O juſt recht, lieber Stephan!
da, eine friſche Priſe! (gibt ihm Taback)
gehe doch geſchwind nach meinem Hauſe!
hörſt du? und ſag meiner Tochter, ſie ſoll
mir gleich meine gute Perüke ſchicken! ge:
ſchwind, lieber Stephan!

Steph. Sagen Sie nur meinem Herrn,
daß die Herrſchaften ſchon ausgeſtiegen ſind!
(eilt ab)

Ebr. Wie? was? ſie kommen? Lie:
ber Himmel! wär ich nur tauſend Meilen
von hier! Ich ſoll ſie empfangen? ich? —
Herr Glimour! geſchwind, geſchwind! die
Herrſchaften kommen!

Glim. Gleich! gleich! (innerhalb)
Empfangen Sie ſie nur! machen Sie die
Hausehre!

Ebr.

Ebr. Ich? Potz Kreuzelement! ich laufe auf und davon, wenn Sie nicht gleich kommen! Zittre ich nicht an Arm und Bein, wie ein Kind, zu dem der Klaubauf kömmt!

Glim. (prächtig gekleidet) Wie, mein Freund, Sie sind ja außer Fassung! und das wegen ein paar Menschen, die gewiß an wahrem Gehalt so weit unter Ihnen sind, als — als dieser Rock unter mir. (für sich) Wozu lange Sklaverei und Armuth den edel= sten Mann nicht bringen können!

Ebr. Er hat Recht; aber wenn er wüßte — —

Siebenter Auftritt.
Gräfinn Herrbach, Baron Kranberg, die Vorigen.

Glim. Frau Gräfinn! ich schätze mich glücklich, daß Sie mich dieser Ehre wür= digen. Herr Baron, Ihr Diener!

C   Ebr.

Ebr. Euer hochgräfl. und freiherrl.
Gnaden nehmen es nicht zur Ungnade, daß
ich — — (murmelt tiefgebückt sein Kompliment daher, auf das man aber nicht achtet) :

Gräfinn. Votre Servante, Monsieur!
Ich habe so viel von Ihren schönen Piecen
gehört, daß ich mich resolvirt habe, Ihre
connaissance zu machen. Wollen Sie uns
nicht etwas von Ihren chef d'oeuvres admiriren lassen?

Glim. Hier sind meine neuesten Stücke!
(stellt Ebrechts Landschaften auf)

Gräfinn. Ah! superbe! göttlich! sur
mon honneur! unique! so frisch und glän-
zend! (durch die Lorgnette betrachtend)

Kranb. Wahrhaftig! scharmant!

Ebr. O ich bitte unterthänig —
(Glimour hält ihm's Maul zu)

Gräfinn. Was die Bäume da so natürlich sind!   **Kranb.**

Kranb. (leiſe) Das iſtᵢ ein Fels,
Gnädige!

Gräfinn. Ja, das precipice iſt afreux!
ach! je tombe en faibleſſe! — Baron! iſt
meine Friſure nicht dechiſonnirt? die Thü=
ren ſind ſo niedrig in dieſem Hauſe!

Kranb. Alles ſchön! wie Sie, Gnä=
dige! — Aber ſehen Sie nur dieſe Ochſen
da am Waſſer!

Gräfinn. Ja, wie natürlich! man
glaubt ſie brüllen zu hören.

Ebr. Ich höre ſie wirklich brüllen.

Glim. O laſſen Sie doch die Ochſen nur
brüllen! betrachten Sie die Kompoſition,
das Licht ſo — —

Gräfinn. Ja, ja, dieſe Stücke muß ich
haben, coute qu'il coute. Monſieur, mor=
gen beim dinner wollen wir ſchon d'accord
werden. Hören Sie? chez moi, au dinner!

Kranb.

Kranb. Aber, gnädige Gräfinn! da müssen Sie ein paar prächtige Rahmen machen lassen.

Gräfinn. Sur mon honneur! sie meritiren's. Sie gefallen mir besser, als meine Landschaften von Rubens.

Kranb. Die vom van Dyk werden Sie meynen, Gnädige?

Gräfinn. Um Vergebung, Herr Baron, ich weis schon, was ich sage.

Kranb. Mille pardons! Aber ist Ihnen nicht gefällig, in das Zimmer da zu spazieren? da hat Herr Glimour noch mehr Piecen.

Gräfinn. Sur mon honneur! Ich will sie admiriren, das ist meine größte plaisir.

Achter

Achter Auftritt.

Ebrecht (allein)

Was das für Leute sind! — (zu seinen Gemälden) Vor einem halben Jahre war't ihr Sudelei, Schmiererei, und izt seyd ihr, Gott weis, was! unique, scharmant! besser, als Rubens und van Dyk! Ha! ha! Landschaften von Rubens und van Dyk! Ich weis nicht, ich kann mich ihres Lobs nicht freuen; Glimour und sein Kleid haben das Meiste dabei gethan. Was sie zu seinen Stücken sagen werden! Es thät mir wehe für den ehrlichen Mann, wenn sie ihn mit einem Worte kränkten. Es müßte einer keine Augen und keine Seele haben, wenn er das Schöne hier nicht sähe! Ich begreife nicht, warum mir seine Arbeiten so bekannt vorkommen, und doch sind sie neu und originell! (er stellt Glimours Gemälde zurecht)

C 3   Sollte

Sollte wohl gar die Thorheit so weit gehen,
daß man diese Arbeit verachtete, weil ich sie
für die meinige ausgebe? O das wäre zu
toll, das könnte ich nicht aushalten! Nun,
wir wollen sehen! Wenn sie so impertinent
dumm sind, so sag ichs ihnen rein unter die
Nase, und sollts mich mein Leben kosten.

Steph. (schaut zur Thür herein) Herr
Ebrecht! sind Sie allein?

Ebr. Ja, Stephan, nur herein?

Steph. Hier ist die Perüke!

Ebr. Dank, Stephan. Da, eine Prise!
leg' sie nur auf den Sessel!

Steph. So, oblischirt! ich hab zu
thun. (ab)

Ebr. Man wird mich doch hoffentlich
jezt anschauen, und da ist's immer ein bis=
chen

chen honnetter, wenn ich — (da er im
Begrif ist, seine Perüke abzunehmen, geht die
Seitenthür auf. Er erschrickt, und stellt sich in
Positur, um Komplimente zu machen)

Neunter Auftritt.

Gräfinn Herrbach, Baron Kranberg, Glimour, Ebrecht.

Gräfinn. (im Herausgehen) Alles ma-
gnifique, fur mon honneur! Ich muß
mich setzen. (erblickt die Perüke auf dem Sessel)
Ei, da haben Sie ja ein gar scharmantes
Pudelchen!

Kranb. Ich meyn', es ist eine Perüke,
Gnädige!

Ebr. (ergreift sie hastig) Es ist mein
Pudelchen. Du kleiner Schelm! wer hieß
dich nachlaufen? Marsch, nach Hause!
(wirft die Perüke zur Thür hinaus)

Grä

Gräfinn. O er abscheulicher Mann! er hat dem armen Thierchen gewiß wehe gethan! hört nur, wie's lamentirt!

Kranb. (für sich) Nun hat sie auch ihre Blödsichtigkeit gezeigt!

Ebr. Thut ihm nichts, Euer hochgräfl. Gnaden! S'ist schon an die Püffe gewöhnt!

Gräfinn. Wie ihr Leute doch ohne alles Gefühl seyd! (indem sie sich sezt, leise und mit Aerger zum Baron) Viel Dank, mein Herr Baron! Sie möchten mich heute gar zu gern für eine Blinde passiren lassen! Ich deprecire mir die weisen Korrektionen. M'entendez vous, Monsieur?

Kranb. Mille pardons!

Gräfinn. Monsieur Glimour! wie lange waren Sie in Paris?

Glim. Vier Jahre, Frau Gräfinn!

Grä=

Gräfinn. Vier Jahre! O wenn ich
vier Jahre in Paris paffiren könnte! wollte
sie gern von meinem Leben abzählen lassen.
Sur mon honneur! das wollt' ich. In
Paris lebt man doppelt. Man sieht's aber
auch Ihren Piecen da wohl an, daß sie nicht
auf teutschem Boden gewachsen sind.

Kranb. Da haben sie wohl Recht,
gnädige Gräfinn!

Gräfinn. A propos, Monsieur Glimour! könnten Sie mir nicht von den neue=
sten Coeffuren, die izt zu Paris à la mode
sind, eine Zeichnung geben? O ich bitte!

Glim. Als ich Paris verließ, war das
die neueste. (zeigt auf ihren Kopfputz)

Gräfinn. Wie lange ist das?

Glim. Sechs Monat.

Gräfinn. Ah! sechs Monat! O ich
schäme mich zu tode! Wart', das will ich

E 5   meiner

meiner Coeffeuſe reprochiren, mich in einem
Aufſatz erſcheinen zu laſſen, der ſchon vor
ſechs Monaten Mode war. Ei! ei! —
Aber ſo gehts uns armen Leuten hier in dem
abgelegenen Winkel der Welt.

Ebr. Wollten Euer hochgräfl. Gnaden
nicht — —

Gräfinn. Was? er will über Moden
reden? er? ha ha! Nun, ſo ſag' er mir,
was trugen die Damen für Hauben in den
Zeiten des Schwedenkriegs? hi hi!

Kranb. Ha ha ha! O wie ſuperfein!
wie witzig! ha ha ha!

Gräfinn. Hi hi!

Kranb. Ha ha ha!

Ebr. (zornig) J — a! J — a!
(lacht, und macht das Geſchrei eines Eſels nach)
— ſo ſuperfein, wie unſer Siegelwax.

Gräfinn. Nun, ſo ſag' er mir's!

Ebr.

Ebr. Erlauben Euer Gnaden! Ich
wollte gar nicht von Hauben reden, solche
Dinge sind mir freilich zu hoch; ich wollte
Sie nur bitten, diese zwo Landschaften anzusehen. Herr Glimour erlaubte mir, sie
daher zu bringen, und — —

Gräfinn. Was? er kann malen? nun,
das ist noch komiker! Er ist ein Maler?

Ebr. Sie werden es doch nicht zur
Ungnade nehmen?

Gräfinn. Aber, mon Dieu! wie kann
er sich's nur einfallen lassen, seine Barboul-
lerien neben diesen chef d'oeuvres sehen
zu lassen?

Ebr. Sehen Sie sie nur an, und dann —

Gräfinn. A la bonne heure! Sehen
wir sie, Baron! — O! mon Dieu! das
ist afreux!

Ebr.

Ebr. (pathetisch) Nicht wahr, das heißt
die Natur kennen! Sehen Sie nur diese
Erhabenheit der Idee, diese Kühnheit des
Lichts, das so meisterhaft vertheilt jeden
Gegenstand mit der höchsten Wahrheit dar-
stellt! Sehen Sie hier —

Gräfinn. (zum Baron und Glimour)
Haben Sie in Ihrem Leben so eine Charla-
tanerie gesehen? Der Mann lobt sich, wie
ein Author, ohne roth zu werden! — Geschwind einen Blick auf Glimours Piecen,
sonst möchte die Kunst meine Liebe verlieren! — Nein, guter Mann! ich will's ihm
kurz und gut sagen: geb er's auf! Wär er
jünger, so wollt' ich ihm rathen, zum Herrn
Glimour in die Schule zu gehen, und ein
paar Jahre nach Paris. Weil er aber nun
malheureusement einmal malen will und
muß, so begnüg' er sich, unsre Kirchen mit
ex voto Bildlein zu versehen.

.. Kranb.

Kranb. Ha ha ha! O ich bitte Sie, Gnädige! Sie machen mich für Lachen bersten! O Witz über Witz! ha ha!

Gräfinn. Hi hi!

Ebr. Um Gotteswillen, Frau Gräfinn, nehmen Sie Ihr Glas : denn ohne Glas kann eine Perüke zum Pudel werden! Schauen Sie nur durch Ihr Glas diese Gemälde an! — Wer hier die Schönheit nicht sieht, nicht fühlt, der hat keine Augen, keine Ohren, kein Gefühl, der muß ein Herz haben, wie — wie eine pariser Sackuhr.

Gräfinn. Hör er! Er ist ein Narr! und ein impertinenter Narr, weil wir ihm seine Schmierereien da nicht loben wollen!

Kranb. Ja, das ist er, und ich rathe ihm — —

Ebr. Ich ein Narr! das Schmierereien! Nun kann ich nicht mehr, wenn zehen Gal-

gen

gen daſtünden, ſie müſſen's wiſſen. Sehen
Sie, dieſe Schmierereien hier ſind des Herrn
Glimours Arbeit, und gute, herrliche Arbeit
iſt's. Und das da, was Sie ſuperbe, gött=
lich, unique, ſcharmant nannten, iſt mein.
Ich Sudler, ich ex voto Bildleinmaler, ich
Hanns Ebrecht, Burger und Maler allhier,
ipſe fecit. Dem Herrn Glimour iſt Gerech=
tigkeit wiederfahren, da Sie ſeine herrlichen
Stücke Schmiereien nannten, und hätten
Sie die meinigen — ſehen Sie, dieſe bei=
den Stücke hier — nicht ſchon vor einem
halben Jahre auch Schmiereien genannt,
ſo wollte ich ſie izt auf ihr Lob ins Feuer
werfen; aber nun kommt! ihr müßt nicht
ganz ſchlecht ſeyn. Empfehle mich!

(nimmt ſeine Gemälde, und will fort)

Glim. Bleiben Sie hier, mein Freund,
ich bitte Sie!

Grä=

Gräfinn. Ich fall' aus den Wolken! (sieht den Baron mit großen Augen an) Comment! die Herren haben ihre raillerie mit uns gehabt! So, so, so! (ärgerlich zum Baron) Stehen Sie nicht da, wie ein Maulaffe! so sagen Sie doch etwas, das uns aus dem embarras hilft!

Kranb. Ei, ei, ei, ei!

Gräfinn. Sie sind ein rechter Stock mit Ihrem Ei. Sehen Sie nicht, wie das Bürgergeschmeiß sich über uns moquirt! wissen Sie denn gar nichts, um uns wieder in contenance zu bringen?

Kranb. Ich muß gestehen, daß — daß — daß —

Gräfinn. Daß Sie mehr Kopf als Gehirn haben! Weil ich denn doch einmal statt Ihrer reden muß, so sag ich Ihnen hiemit franchement, daß ich mir Ihre Besuche

suche verbitte. Was sollte mir ein Mensch,
der sich in so einer Kleinigkeit nicht zu helfen weiß! da könnte man sich schon auf Sie
verlaffen, wenn einmal eine sottife zu repa-
riren wäre. Und Sie, Herr Glimour, Ihnen
muß ich sagen, daß Sie sehr wenig Lebens-
art in Paris gelernt haben.

Glim. Ma foi, Frau Gräfinn! in
Paris macht man's gerade so, das ist die
allerneueste Mode. Ich hoffe nicht, daß
Sie auf mich zürnen.

Gräfinn. Auf Sie nicht so sehr, als
auf diese Antike da!

Glim. Auf meinen Freund Ebrecht?
O ich bitte für ihn um Pardon! Ich bin
hieher gekommen, um unter seiner Aufsicht
meine Kunst zu studiren, und ich möchte von
nun an in keinem Stücke schlimmer oder

besser

beffer dran seyn, als er: denn er ist mein
Freund, mein Lehrmeister, mein Vater!

Kranb. (zur Gräfinn) Ah! jezt hab
ich's, Gnädige! geben Sie Acht! (lacht
gezwungen) ha ha! das ist zum todtlachen!
Ihr Herren glaubt gar, wir hätten im Ernste
so geredet; lauter Spaß war's, lauter Spaß!
Um uns zu amüsiren, nahmen wir uns vor,
das Schlechte zu loben, und das Gute zu
tadeln ; oder glauben die Herren vielleicht,
wir könnten nicht so gut unsern Spaß haben,
als Sie den Ihrigen? Sagen Sie, Gnä=
dige! war's nicht lustig? he! war's nicht?
Ha ha! Kommen Sie, Gnädige!
(bietet seinen Arm an)

Gräfinn. (hält ihn zurück) Lachen Sie
sich nur recht satt über ihren Spaß; für
mich kam er ein wenig zu spät.

Glim. Soll ich die Gnade haben?
(bietet auch seinen Arm)

D   Grä=

Gräfinn. (wie oben) Lachen Sie auch über Ihren Spaß! der kam zu früh.

Ebr. Euer hochgräfl. Gnaden wollten vielleicht mir — (bietet seinen Arm von fern)

Gräfinn. O fi! fi! Ihm kann ich's Lachen nicht anrathen, denn er scheint mir gar nicht dazu gemacht zu seyn. Trag' er seine weinerliche Figur ins Spital! das rath' ich ihm. Sur mon honneur! das haben wir Leute vom Stande davon, wenn wir uns unter so Geschöpfe mischen. Sie emancipiren sich täglich mehr und mehr, und ich glaube gar, auf die lezt bilden sie sich ein, eine Dame von naiſſance wäre gerade so ein Gemächte, wie eine Bürgersfrau. Es geschieht mir Recht, warum blieb ich nicht bey meines gleichen! da lügt man sich wenigſt was vor, und eine höfliche Lüge iſt doch immer beſſer, als eine grobe Wahrheit. Was

Was ihr Leute so unglücklich seyd, daß ihr den bon ton nicht kennt! Ah! vive le beau monde! (ab)

Kranb. Ich bin verloren! es ist ihr Ernst! Um des Himmelswillen! so eine ergiebige Connaissance bekomm' ich in meinem Leben nicht wieder! Ich will neben ihrem Wagen hergehen, betrübt hineinblicken, seufzen, an jeder Ecke mich tief bücken! Das wird sie erweichen, wird sie scharmiren, wird mir meine freie Kost wiederschaffen!

(läuft hinaus)

Zehnter Auftritt.
Glimour, Ebrecht.

Glim. Das wünsch' ich dir von Herzen, denn ich kann nicht leiden, wenn's einen Menschen hungert. Nun, mein Freund! was denken Sie?

Ebr.

Ebr. Das sind die Leute, von welchen oft das Fortkommen eines Künstlers abhängt? O da ist mir meine Armuth lieber, als daß ich mich um den Beifall solcher Menschen bewerben wollte!

Glim. Ja, mein Freund! das sind die hochgräflichen und hochfreiherrlichen Gnaden, vor welchen Sie sich nicht tief genug bücken konnten. O ich kann mich ärgern, wenn ich sehe, daß der Rücken und die Zunge eines braven Mannes so einem sklavischen Vorurtheile fröhnen! Was haben Sie je für Gnaden von diesen gnädigen Leuten genoßen, oder was für Gnaden kann ein Künstler von ihnen genießen? Nichts Gnaden, Freund, nichts Gnaden! Gott sey gnädig; die Menschen, groß und klein, seyen nur gerecht!

Ebr. Wohl wahr! das hab' ich oft gedacht; aber der Gebrauch will —

Glim.

Glim. Will, daß wir kriechende, lä=
cherliche Thoren seyn sollen? Zum Teufel
mit dem Gebrauch! Wissen Sie, daß man
diesen Gebrauch Ihrem Vaterlande vorwirft,
als einen Beweis einer niedrigen, sklavischen
Denkart? Beinahe alles ist hier eine Gna=
den, was einen ganzen Rock auf dem Leibe
hat. Pfui! pfui über die kleinen Mensch=
lein, die sich, ohne zu erröthen, so schelten
lassen! Nein, Herr Ebrecht, überlassen Sie
diesen elenden Gebrauch dem Troß patentisir=
ter Bettelbuben, die einen hier auf den
Straßen bloquiren, jeden Haarbeutel eine
Excellenz heißen, und die Barmherzigkeit
mit Titulaturen bestürmen.

Ebr. Sie haben Recht. Der vernünf=
tige Mann verlangt keine Titel, und der
Dummkopf verdient sie nicht. Aber, ich
bereue doch meine Hitze, ich hätte die Grä=
finn nicht beleidigen sollen.

D 3   Glim.

Glim. Das ist keine Beleidigung, und — was verlieren Sie dabei?

Ebr. Je nun! wenn's um mich allein zu thun wäre; aber — Ich will frei von der Brust mit Ihnen reden, Herr Glimour! Sehen Sie, meine Tochter, mein Röschen liegt mir am Herzen. Ich hab für das gute Mädchen keine Aussicht, was soll nach meinem Tode aus ihr werden? Ich suchte sie bei irgend einer Dame in Dienste zu bringen; nun aber wird die Gräfinn Herrbach, die einen großen Arm hat, und als eine sehr kluge Dame bekannt ist —

Glim. Freund! Sie wollten Ihre Tochter, diese edle, sanfte, erhabene Seele, einer solchen Sklaverei aufopfern? Nein, nimmermehr! (zieht das Miniaturporträt hervor) Dies holde, liebevolle Geschöpf sollte vielleicht einer Uebermüthigen, Unbesonnenen zum Spiel ihrer

ihrer Laune, zur Gehilfinn ihrer Ausschwei=
fungen dienen? Nein, sie ist mein, mein,
mein! (drückt's an sein Herz)

Ebr. Wie? was? Um Gotteswillen!
laffen Sie mich dieses Porträt sehen! Ja es
ist's! Karl hat's gemalt, eben der Junge,
von dem ich vorhin sprach! Wie kommts?
Herr Glimour? —

Glim. Wie kommt's, Vater Ebrecht,
daß Sie Ihren Karl nicht kennen? bin ich
denn nicht Ihr Lehrjunge, Ihr Karl, Ihr
Sohn?

Ebr. Herzens — lieber Herzensjunge!
du bist's? mein Karl, mein Sohn? O
mein Röschen! mein Röschen! Stephan!
(er kömmt) lauf! meine Tochter soll kom=
men, lauf! (Steph. ab)

Glim. Daß Sie mich aber nicht kann=
ten, Vater!

D 4   Ebr.

Ebr. Wer sollte dich kennen, Karl! —
und doch, wenn ich so deine Gemälde be=
trachtete, und dein Gesicht, so war mir —
Ja, hör nur, Karl! als dich meine Tochter
das erstemal sah' durch das kleine Fenster=
chen in meiner Kammerthür, da fuhr sie
mit einem Schrei zurück, und schrie: Karl!
Seit du hier bist, war das Mädchen wieder
so schwermüthig — aber sag mir, dein
Namen! warum hast du ihn verändert?
Du heißt ja Karl Glimm!

Glim. Ich kannte das Vorurtheil mei=
ner Vaterstadt, und wußte, daß ein auslän=
discher Schnirkel an meinem Namen meinen
Arbeiten eine gute Aufnahme, und mir die
Freude verschaffen würde, die Thorheit mei=
ner Landsleute zu belachen — und, o! hab
ich nicht auch diese Freude diesem Einfall
zu danken?

Ebr.

Ebr. Nu, Gott! Gott! wer hätte denken sollen, daß du — Wenn nur mein Röschen käme!

Glim. Darf ich auch sagen: mein Röschen?

Ebr. Dein, dein, Karl! wär's eine Königinn, dein! Aber, lieber Karl, man muß doch auch ein wenig denken, wovon sich's lebt. Wenn man wissen wird, daß du ein Inländer bist — du kennst deine Vaterstadt — deine Arbeiten werden keinen Werth mehr haben.

Glim. Man wird uns doch Luft und Licht in Freiheit vergönnen? mehr verlang' ich nicht. Ich habe Menschen und Städte kennen gelernt, die wahres Gefühl, die Kunst zu lieben, und wahre Kenntnisse, sie zu schätzen, besitzen: für diese wollen wir arbeiten. Wir werden nicht Noth leiden, Vater, gewiß

D 5   wiß

wiß nicht! Freilich wirds uns wehe thun; wenn wir unsre Vaterstadt am Kleinen hän= gen, Gaukeleien bewundern, Possenreisser be= zahlen, und ihre Narrheiten beklatschen se= hen; es wird uns wehe thun, wenn ein be= titelter Dummkopf sich durch seine Titel be= rechtigt glaubt, mit Kennermiene unsre Wer= ke zu beschnarchen; wenn man Quacksalber emporhebt, und unser nicht achtet; aber uns drücken und verfolgen wird man nicht, sonst bauen wir unsre Hütte anderswo!

Ebr. Nein, nein, Karl! ich meyn', es geht nichts über's liebe Vaterland, und so arg machen sie's eben nicht.' Wenn man fein demüthig einherkriecht, und den Kopf nicht aus seiner Höhle reckt; so lassen sie einen hübsch im Stillen hungern. Hab's erfahren! Nu, nu, nu! wir wollen schon zu= rechtkommen, wenn's noch solche Menschen

und

und Städte giebt, wie du sagst. — Wo
bleibt denn das Mädchen? Aber wir wollen
ihr's nicht gleich entdecken, hörst du, nicht
gleich!

Eilfter Auftritt.

Stephan kömmt.

Steph. Die Mamsell wird gleich hier
seyn! Ich zittre noch an Arm und Bein.

Ebr. Warum? was ist geschehen?

Steph. Ich sitze da draussen im Vorzimmer auf dem Boden, reibe Farben, denk'
an nichts. Auf einmal fliegt mir etwas
haarigtes auf die Nase! So bin ich in
meinem Leben nicht erschrocken. Ich meynt',
er hätt' mich schon beym Haarzopf — und
da ich's beym Licht besah, war's Ihre
Perüke!

Ebr.

Ebr. Ha ha! Nun, Stephan! da eine Prise! Das war spaßigt, wie ich mit guter Art meiner Perüke loswurde.

Glim. Geh' er in meine Auberge und bestell' er mir ein Abendessen für drei Personen! das Beste, was sie haben, und Wein den besten!

Ebr. Nein, nein! das wär meiner Tochter nicht recht. Sie hat in ihrem Leben ihr Küchentalent nicht besser zeigen können. — Wo bleibt sie dann? Sieh doch, Stephan, ob sie kömmt! (Stephan ab) Wir wollen ihr's nicht gleich entdecken! hörst, Karl, nicht gleich)!

Zwölfter Auftritt.

Rose, Ebrecht, Glimour.

Ebr. Komm, Röschen, komm her! Höre, Röschen! — O ich kann nicht! Ich

hab

hab meine Empfindungen nicht am Schnür=
chen, daß ich loslassen und zurückhalten kann,
wie ich will. Wir spielen ja keine Komödie,
daß wir die Leute auf den Zehen in Erwar=
tung lassen wollen. — Röschen! da! da!
das ist dein Karl! — Nu, Aeffchen! was
stehst da, und zitterst, und wirst blaß!

Glim. O mein Röschen!

Rose. O mein Vater!
(sinkt auf Ebrechts Arme)

Ebr. Nu, nu! was willst mit mir?
da! der mag für deine Ohnmachten sor=
gen! (schiebt sie in Glimours Arme)

Glim. Mein Röschen! willkommen an
meiner Brust! O nur einen Blick!

Rose. Karl! — — du! — —
du! — O!

Ebr.

Ebr. Bleibt so stehen, Kinder! und ich will malen, was noch keines Menschen Aug sah, noch keines Menschen Herz fühlte! — Aber nein, ich gehöre ja auch zu dieser Gruppe! (legt ihre Hände in einander) So! und — (umarmt beide) So!

Der Vorhang fällt.

Der
Hofrath,

ein

Luftspiel.

======== ✗ ========

Aufgeführt

auf dem

Churfürftl. Nationaltheater zu München.

✠✠✠✠✠✠✠✠✠✠✠✠✠✠✠✠✠✠✠✠✠✠✠✠

München,

Bey Johann Baptift Strobel.

1783.

Perſonen.

Herr Seltenmann, Hofrath.

Hofkammerrath Ehrlich.

Hofkammerräthinn.

Karl, ihr Söhnchen.

Monſ. *La Broche*, ein Avanturier.

Herr Schleichwurm, ein Advokat.

Moyſes, ein Jud.

Schneck, ein Schreiber.

Ein Bedienter.

Die Handlung geht vor in dem Hauſe des
Hofraths Seltenmann.

Erster Auftritt.

Seltenmann allein.

(Er sitzt bey einem Tisch, und arbeitet in
Akten: nach einer Weile)

Es wäre doch so was herrliches um die Ju=
stiz, aber die Menschen —— die Menschen
—— —— wenn nur auch alle Richter edle Her=
zen, und alle Advokaten gute Seelen hätten, so
wäre die Sache schon gut —— Aber so! ——
aber so! (er schällt)

Zweyter Auftritt.
Bedienter, Seltenmann.

Bedient. Was befehlen Euer Gnaden?
Seltenm. Laßt mir den Schreiber kommen.
Bedient. Sogleich, gnädiger Herr!

(geht ab)

Dritter

Seltenm. Guter Mensch! verzeih mir, daß ich dir was zu Last gelegt habe, das deine Schuld nicht ist. — — Es ist wahr, man= chen wird in Praxi das Gehirn so verwirrt, daß er kaum mehr recht denken kann, und ich will fodern, daß man recht schreiben soll! ich ver= gesse zuweilen, daß ich mit Juristen zu thun habe — — Habt ihr auch den Bericht abge= schrieben?

Schneck. Ja, gnädiger Herr!

Seltenm. Wollte mich heute noch niemand sprechen?

Schneck. Ein armer Mann war hier.

Seltenm. Warum habt ihr ihn nicht ge= meldet?

Schneck. Wir glaubten, Euer Gnaden schlie= fen noch.

Seltenm. Und wenn ich geschlafen hätte, sollte ich nicht einige Minuten Schlaf dem Wohl meines Nebenmenschen aufopfern können? Ihr wißt meinen Willen. Daß man mich in Zu= kunft allzeit wecke! Geht zu eurem Schreibpult, ich habe nun nichts mehr nöthig.

Schneck.

Schneck. Gnädiger Herr! der Doktor
Schleichwurm ist in dem Vorzimmer, er möchte
mit Euer Gnaden sprechen.

Seltenm. Laßt ihn hereinkommen.

(Schneck geht ab)

Fünfter Auftritt.

Seltenmann allein.

Es ist doch ein trauriger Beruf, wenn man
diese Original-Gesichter von Advokaten beständig
um sich sehen muß, die unter dem Namen der
Vertheidiger einer gerechten Sache den billigsten
Proceß ungeschickt verschmieren, oder ihre Par=
theyen erbärmlich ausfäckeln.

Sechster Auftritt.

Schleichwurm, Seltenmann.

Seltenm. Guten Tag, Herr Doktor! was
kann ich Ihnen dienen?

Schleichw. Euer Gnaden sind meiner Schul=
digkeit zuvorgekommen. (macht eine tiefe Ver=

A 5   beu=

beugung) Ich wünsche Euer Gnaden den selig=
sten Morgen, und unterfange mich, Hochdero=
selben gegenwärtiges unterthänigstes, doch un=
zielsetzliches gehorsamstes Monitorium unmaß=
gebigst zu überreichen.

Seltenm. (sieht das Monitorium an,
und giebt es dem Advokaten wieder zurück)
Die Sache, mein Herr, ist schon proponirt,
nehmen Sie also dieses Monitorium zurück, und
geben Sie der armen Parthey den Tax wieder,
den Sie dafür aufschrieben. Hätten Sie in dem
Gerichtshofe fleißiger nachgefragt, so hätten
Sie sich diesen Gang ersparen können.

Schleichw. Aber Eure Gnaden sind zu
exact — Laborant Dominationes suæ dili-
gentissime, wer hätte wohl glauben können,
daß diese Sache schon —

Seltenm. Ich lasse die Processe nicht gerne
liegen.

Schleichw. Eure Gnaden haben auch nicht
den Ruf eines langweiligen Proponentens, bey
manchem, sed inter nos, kann man nicht oft
genug laufen, und monitiren.

Seltenm.

Seltenm. Ich dächte, dem Advofaten wäre
es lieb, wenn sie oft monitiren dürften, sie
haben ja dadurch Gelegenheit, Gänge und Mo-
nitoria aufzuschreiben.

Schleichw. Freylich, gnädiger Herr! wird
es manchem lieb seyn; aber behüte mich Gott!
non sum ex numero illorum, ich bin nicht in
dieser Zahl, Gott sey gedankt; eine solche Sün-
de kann ich mir nicht vorwerfen. Mehr als bil-
lig ist, schreibe ich nicht auf; ich mache es auch
nicht, wie meine Herren Mitcollegen, die, wenn
sie von einer Parthey zu Tische gebethen werden,
sich sogar für die Mühe, zu Mittag zu speisen,
bezahlen lassen, und noch dazu die Versäumnisse
aufrechnen, das thue ich nicht. Ich esse überall
umsonst zu Mittag, und schreibe keinen Heller
dafür auf, ausgenommen, sed inter nos, wiederum, wenn der Wein nicht recht gut ist.

Seltenm. Ja ja! dann mag es nach Ihren
Grundsätzen wohl erlaubt seyn; aber, Herr
Schleichwurm! ich muß es Ihnen gestehen, daß
ich manchen Leuten von Ihrem Métier ganz
gram bin, und ich wünsche oft, daß dieser und
jener,

jener, zum Wohl des Staates und seinem eigenen Wohl, ein Strohschneider geworden wäre.

Schleichw. Ha ha ha! ganz mit Eurer Gnaden verstanden, bin auch dieser Meynung.

Seltenm. Mein Herr! als Privatmann hätte mancher ein ehrlicher Mann seyn können, den ich hochgeachtet hätte, und den ich als Advokaten wegen seinen boshaften Schmierererpen verachten muß.

Schleichw. Eure Gnaden reden, wie die Wahrheit. Alles ist so excellentiſſime —— —— Aber behüte mich Gott von solchen Ungerechtigkeiten; ich gehe Morgens frühe schon in die Kirche, a Deo principium, dann arbeite ich in Gottes Namen so fort.

Seltenm. Mein Herr Doktor! sagen Sie mir doch, wie geht es mit dem Proceſſe des Bauerns zu Holzbach?

Schleichw. Wie es halt in Proceſſen geht, noch immer in Schriften: ich arbeite eben in der Replik.

Seltenm. Aber, mein Herr Schleichwurm! diese Cauſa ist mir ganz auffallend. Es streitet

der

der Sohn wider seinen Vater; der alte Greis dauert mich; mich däucht, der Sohn, der Ihre Parthey ist, hat die ungerechte Sache.

Schleichw. Der Alte dauert mich ebenfalls. Parentes funt venerandi, ist das Geboth des Herrn; allein, pacta dant legem contractibus: Es ist eine Collifio obligationum vorhanden.

Seltenm. Aber, mein Herr! ungeachtet, was Sie immer sagen wollen und sagen können, so ist Ihr Handel ungerecht, und Sie werden nichts gewinnen.

Schleichw. Nichts gewinnen? dann ergreifen wir halt falvo decentiffimo Refpectu das faluberrimum medium appellationis.

Seltenm. Ich stehe Ihnen aber gut, Sie werden auch bey der obern Gerichtsstelle verlieren.

Schleichw. In Gottes Namen! so müssen wir halt eine Bittschrift ad Principem machen.

Seltenm. Und durch Schleichwege die Aussprüche der Gerechtigkeit zu vereiteln suchen, nicht wahr? ——

Schleichw.

Schleichw. Das will ich nicht gesagt haben. Wenn man den Wurm tritt, so krümmt er sich, und Defensio ist ja Juris naturalis.

Seltenm. Aber die Richter, mein Herr Schleichwurm! werden Ihre Ausſprüche verthei= digen, und der Fürst, der gerecht ist, dem wird es nicht lieb seyn, durch Umtriebe hintergangen zu werden.

Schleichw. Ey ey! quid hoc ad rem? Eure Gnaden sind zu ſcrupuloſ; man muß sich ein Dictamen machen können. Freylich, und probabilius, und nach allem Menſchenverſtand hat der alte Vater Recht, und sein Sohn Un= recht: allein, relicta probabiliori licet ſequi ſententiam probabilem. Glauben Sie es mir, gnädiger Herr! und nehmen Sie es mir nicht zur Ungnade, man kommt sonſt in der Welt nicht fort. Amor incipit ab ego, ist ein altes Sprichwort. Der Advokat muß zu leben haben. In der Welt muß man sich Freunde machen. Man muß es machen, wie der Aff, man nimmt die Pfoten der Katze, und ſcharrt sich die Ka= ſtanien aus der heiſſen Aſche: die Katze mag ſchreyen,

ſchreyen, wie ſie will, wenn nur die Kaſtanien
unſer ſind, ſic in diſpoſitione Dei muß ein
Menſch dem andern in Gottes Namen fort-
helfen.

Seltenm. O das ſind edle Grundſätze!
Wenn der Sultan zu Pferd ſteigt, ſo nimmt
er einen Sklaven zum Fußſchemmel: und Sie,
nicht wahr, Herr Schleichwurm! wenn Sie zu
Ihrem Glücke, oder zu etlich Dukaten hinauf-
ſteigen wollen, eine arme Parthey?

Schleichw. Avertat Deus! das wäre contra amorem proximi. Allein, gnädiger Herr!
Sie müſſen denken, ein jeder Menſch iſt ja mein
Nächſter, und wenn mich nun einer mehr bezahlt,
als der andere, ſo muß ich ja denken, daß dieſes eine augenſcheinliche Gnade Gottes ſey, mir
wieder etwas in mein Hausweſen zu ſchicken:
und der Reiche iſt auch mein Nächſter, eſt etiam
proximus, und über das bin ich ein alter Witt-
wer, habe ſchon Meriten bey Gott, zwey Herren
Söhne in Klöſtern — Gott ſey gedankt, und
eine Frau Tochter bey den Kloſterfrauen: dieſe
bethen ſchon für mich; wann ich ſterbe, gehört
mein

mein ganzes Vermögen ad pias caufas, und
dann, sagte mein Beichtvater, der manchen
Abend eine Bouteille Burgunder mit mir aus=
leert: ja, sagt er, dann ist alles wieder ersetzt,
wenn auch dort und da etwas nach der Quer in
Beutel fallen sollte. Auch vergesse ich nicht,
meine Partheyen täglich in mein Gebeth einzu=
schließen.

Seltenm. (beyseite) Abscheulicher Heuchler!

Schleichw. Was befehlen Eure Gnaden?
—— Aber um Hochderoselben nicht länger auf=
zuhalten, so will ich zur Hauptsache schreiten,
und meinen unterthänigsten Auftrag zu Dero
gnädigen Erwägung gehorsamst proponiren.
Eure Gnaden werden vielleicht schon wissen,
daß übermorgen die Caufa Sternfeld contra
Blumburg puncto successionis testamentariæ
wird proponirt werden. Eure Gnaden werden
auch beym Vortrage seyn; ich hatte heute schon
die Gnade, bey den Justizräthen Ritterbein,
Rosenholz und Lilienbach meine unterthänigste
Aufwartung zu machen. Im Kurzen zu reden,
sapienti pauca: Es gieng uns nichts mehr ab,
als

als Jhr Votum, denn wären die majora schon
für uns, gnädiger Herr! Jch weis es, Sie sind
gerecht, und Gott behüte, daß ich was Unge=
rechtes fodern wollte. Hier, gnädiger Herr!
wären hundert Dukaten non in prævaricatio-
nem, sed quasi recompensationem justitiæ.
Der Graf Sternfeld befahl mir, sie Euer Gna=
den zu überreichen.

Seltenm. Mein lieber Herr Schleichwurm!
ich glaube, die Sache des Grafen Sternfeld
wird gerecht seyn, und gerechte Sachen haben
keine goldene Recommendation nöthig: wenn sie
aber ungerecht wäre, so würden sich Herr Schleich=
wurm nicht unterstehen, mir einen solchen er=
niedrigenden Antrag zu machen.

Schleichw. Absit, abiit! alles mit Gott
und Ehrlichkeit.

Seltenm. So nehmen Sie also mit Gott
und Ehrlichkeit ihre hundert Dukaten schön still
wieder in Jhre Tasche. Sehen Sie, Herr
Schleichwurm! da ich nicht gesinnt bin, ein
testamentum ad pias causas zu machen, noch
weniger aber meine Partenen täglich in mein

B   Gebeth

Gebeth einschließe, so wüßte ich nicht, wie ich diese hundert Dukaten verdienen müßte.

Schleichw. Ich verstehe Sie, gnädiger Herr! intelligo omnia. Aber es ist doch eine schöne Summe; ganz neugeschlagne Dukaten. (*Er klingelt mit dem Beutel*) Wenn Sie sich ein Gewissen machen, selbe als ein Geld anzunehmen, so könnten Sie ja diese hundert Dukaten in ihr Münzkabinet ad splendorem hinlegen. Nihil mali in re est. Lassen Sie mich selbe nicht wieder zurücktragen. (*Er sieht sich schüchtern herum.*) Nemo nos videt: alles unter vier Augen, und — gnädiger Herr! ich will Ihnen nur als ein medium impulsivum ad accipiendum unterthänigst vorstellen, daß schon mehrere Herren Justizräthe, sed sub rosa, & sub alto silentio, die Gnade gehabt haben, mich nicht wiederum mit selben zurückzuschicken. Aber, gnädiger Herr! das bleibt unter uns, ich möchte mir nicht gerne Feinde machen, und ich versichere Sie, was ich Ihnen gesagt habe, werde ich Ihnen wieder abläugnen. Ja, bey meiner Treue, so wahr ich ein ehrlicher Mann bin, ich schwöre dem Teufel ein Ohr ab.

Seltenm.

Seltenm. Sorgen Sie sich nicht, ich bin nicht so schwaßhaft. (beyseite) Gott! welche Richter — welche Menschen!

Schleichw. (stößt den Hofrath mit den Ellenbogen) Nu, gnädiger Herr! nu!

Seltenm. Ich bitte Sie, plagen Sie mich nicht.

Schleichw. Aber, wenn Sie nicht ungnädig auf mich wären —

Seltenm. Nun was? —

Schleichw. Aber verzeihen. Euer Gnaden müssen meine unmaßgeblichste Vorstellungen nicht übel ausdeuten.

Seltenm. So reden Sie, wenn Sie was zu sagen haben. Ich bin ein deutscher Mann; ich liebe die Aufrichtigkeit.

Schleichw. Weil Sie es also erlauben: so muß ich Ihnen sagen: Sie bedauren mich, gnädiger Herr! Sie sind zu gewissenhaft: ich dachte ehemals auch, wie Sie, aber bey der schlechten Suppe ist mir der Enthusiasmus schon vergangen. Es ist ein altes Sprichwort: was man nicht heben kann, muß man liegen lassen. Quis

contra

contra torrentem? Alle Bühel kann man nicht
eben machen: Im Lande der Bucklichten werden
die Geraden verspottet: Si vivis Romæ, ro-
mano vivito more: mitgemacht, sonst wird
man ausgelacht: aber alles unmaßgebigst —
unmaßgebigst. Gnädiger Herr! lassen Sie mir
doch das Geld nicht wieder zurücktragen.

Seltenm. Sie bemühen sich vergebens. Ich
werde es nicht annehmen.

Schleichw. Nun dann Gott befohlen, und
nichts für ungut. So muß ich halt meinen
Beutel wieder einpacken — Aber nur einen
Wink, und gleich ist er wieder da — nur das
denken Sie, gnädiger Herr! nur das, daß wir
die vota majora doch bekommen werden, wenn
Sie auch die hundert Dukaten nicht annehmen;
denn unsere Sache ist die gerechteste von der
Welt, es läßt sich daran gar nicht zweifeln, nur
möchten wir sie dem Richter besser begreiflich
machen. Es könnte also salva conscientia ge=
schehen. Aber — (sieht auf die Uhr) Jetzt
muß ich eilen — war noch nicht in der Kirche,
hätte heute am heiligen Sonntage die Predigt
auch bald versäumt. Herr Gott! Herr Gott!

(will

(will abgehen, läuft aber wieder zurück)
Gnädiger Herr! den Prediger sollten Sie hören,
der predigt — der schreyt — der wüthet —
in die Kanzel schlägt er hinein. Es giebt keine
Gerechtigkeit, sagt er. Ja, ja, er hat auch recht.
Es giebt abscheuliche Leute — Gott sey ge=
dankt, daß ich nicht darunter bin — hab die
Gnade mich zu empfehlen. (geht ab)

Siebenter Auftritt.

Seltenmann allein.

Gott im Himmel! welche Menschen! heilige
Gerechtigkeit! du bist also nur ein Schattenriß,
nur ein Blendwerk, die Menschen zu täuschen!
welche niedrige Seelen, welche Heuchler! und
was können die wenigen Rechtschaffenen gegen
diesen schrecklichen Coloß der Bosheit? Ihre Be=
mühung ist vergebens, sie bringen ihn nicht von
der Stelle; erschüttern können sie ihn, und
dann fällt ein Stück von dem Coloß, und ver=
gräbt den Rechtschaffenen unter seinen Ruinen.
O Heuchler! ihr verkauft euern Nebenmenschen,
werdet Meuchelmörder an euren Brüdern, und

B 3   mit

mit Härden, woran Gut und Blut von eurem Nächsten klebt, eilt ihr in Tempel, umfangt den heiligen Altar, ruft Gott mit dem Munde an, und habt den Teufel in eurem Herzen.

Achter Auftritt.

La Broche. Schleichwurm und Seltenmann.

La Br. Verzeihen Sie, Herr Hofrath, daß ich so ungemeldet komme. Vous me pardonnerez que je viens vous surprendre. Es ist eine kleine Angelegenheit, die mir das Vergnügen verschafft, mit Ihnen bekannt zu werden. Sie sind so gefällig — Sie werden mich unendlich verbinden — Es ist nur eine Kleinigkeit. Herr Schleichwurm ist mir eben auf der Gasse begegnet; er mußte mit mir wieder zurück. C'est mon Avocat.

Seltenm. Herr Graf, oder Herr Baron! wen ich die Ehre habe zu verehren, wollen Sie —

La Br. Ich bin der Baron La Broche, Monsieur Le Baron de la Broche.

Seltenm.

Seltenm. Wollen Sie also die Güte haben, Herr Baron! sich zu setzen — setzen Sie sich, Herr Schleichwurm! — ich dachte, Sie nicht so bald wieder zu sehen: ich glaubte Sie in der Kirche —

Schleichw. Ich hatte auch wirklich im Sinne, gnädiger Herr! in die Kirche zu gehen, und wollte nur mein Brevier breviarium romanum latinum, denn, Gott unvorgerupft, dieses bethe ich alle Tage, zu Hause abholen, sed homo proponit, & Deus disponit. Da begegnete mir aber der Herr Baron, und ich dachte, Herrendienste gehen itzt vor Gottesdienste, und machte einsweil eine gute Meynung.

Seltenm. O wie Herr Schleichwurm doch gleich auf alles eine Ausrede findet!

La Br. Veraiment, c'est un homme d'esprit — diablement raffiné. Sie reden französisch, mein Herr?

Seltenm. Ja, Herr Baron! da Sie sich aber eben sehr gut im Deutschen ausdrücken, so werden Sie mich verbinden, wenn Sie deutsch reden wollten.

B 4 *La*

La Br. Ich rede deutſch, franzöſiſch, wälſch, engliſch, alle Sprachen mit der nämlichen Leichtigkeit.

Seltenm. Aber zur Hauptſache zu kommen —

La Br. Et bien. Sie kennen die Frau Hofkammerräthinn Ehrlich. C'eſt une charmante Femme. Ich hatte die Ehre, bey meiner Ankunft mit ihr bekannt zu werden. Veraiment c'eſt la plus belle femme, qu'on peut voir — (zieht ſeine Doſe aus der Taſche) Schnupfen Sie Marocco, oder Spaniol? — eh donc! Sie wiſſen, der alte Hofkammerrath iſt für dieſe junge Frau nicht gemacht. C'eſt un home, qui eſt enſevili dans les livres, il aime plus la lecture, que ſa femme — mit einem Worte: Sie verſtehen mich. Die gute Frau hatte viel Güte für mich; allein, ich habe ſie auch ganz anders dreſſirt: ſeit der Zeit, daß ich in ihrem Hauſe bin, iſt ſie allzeit coiffirt a la pariſienne: allen den alten Plunder von hieſigen Hauben warfen wir gleich in den franzöſiſchen Kamin, mit einem Worte, alle die alte Tracht du Tems du Roi Guillaume war abgedankt,

gedankt, und nun geht sie schön geputzt, wie die erste Gräfinn, im Sultan — Sie können sich also leicht denken, Herr Hofrath, daß ich mir sehr viele Verdienste in diesem Hause erwarb, mais avec tout cela bin ich diablement embarassirt: ich sollte einen Wechsel bezahlen: die Frau Hofkammerräthinn kann für mich nicht mehr zahlen: denn sie hatte die Güte, erst vor wenig Tagen eine kleine Dette von viertausend Gulden mir zu avanciren. Ich werde sie zwar rembourfiren sobald ich kann, aber jetzt elle manque d'argent, c'est là le diable. Sie können nun, Herr Hofrath, mir eine kleine Gefälligkeit thun, begehren Sie den Wechselbrief von dem Juden, und behalten Sie denselben so lange in Händen, bis ich ihn nach Gelegenheit bezahlen kann.

Seltenm. Herr Schleichwurm! was sagen Sie zu der Sache?

Schleichw. (nach einer Weile) Hm, hm! (schnupft eine Prise Tobak) Ich glaube, es ließ sich die Sache thun. Dieses wäre nicht der erste Casus, und quod differtur, non aufertur.

Seltenm.

Seltenm. Ich weis aber nicht, ob ich diese Herren recht verstanden habe: ich sollte dem Juden den Wechsel abnehmen?

La Br. Precifement.

Schleichw. Optime intellexit Dominatio fua.

Seltenm. Aber ich glaube, meine Herren! Sie scherzen.

La Br. Rien moins.

Schleichw. Avertant fuperi — gnädiger Herr! der Gläubiger ist nur ein Jud, ich bethe täglich pro Extirpatione diefer Leute.

Seltenm. Der Jud hört aber doch nicht auf, Mensch zu feyn.

Schleichw. Nunc mihi lumen — Der Herr Hofrath macht sich aus der Sache ein Gewiffen.

La Br. Ein Gewiffen une confcience ha ha ha — O Sie haben zu viel Efprit, um sich aus diefem Bagatel ein Gewiffen zu machen. La confcience n'eft plus la mode. .

Schleichw.

Schleichw. Omnino ita res se habet.

Seltenm. (beyseite) (Welche unverschämte
Menschen!) Herr Baron, wenn Sie sich aus
der Sache ziehen wollen, so weis ich kein an=
ders Mittel, als daß Sie den Juden bezahlen.
(steht unwillig von dem Sessel auf)

Schleichw. Ich habe es auch schon ge=
sagt, eſſet optimum remedium, sed numi,
numi deficiunt.

La Br. Mais par toutes les diables! be=
zahlen Sie, wenn Sie kein Geld haben, ich
kann nicht.

Seltenm. Herr Baron! Sie hätten die
Sache mehr in Richtigkeit setzen sollen, als Sie
den Wechsel ausstellten. In diesem Punkt läßt
sich nicht scherzen; der allgemeine Kredit fodert
die strafste Execution.

Schleichw. Das ist eben, was ich allzeit
gesagt habe, ipsiſſima verba.

La Br. Je me fiche de votre credit —
Meſſieurs! das wäre mir einmal lieb. Ein
Kava=

Kavalier, wie ich bin, soll sich sorgen, wenn
er Geld aufnimmt: ich lasse die sorgen, die es
mir darleihen.

Schleichw. Bene, bene. Der Gedanke
ist auch nicht übel. Debemus moderare curas.

Seltenm. So müssen Sie sich halt auch
gefallen lassen, wenn Ihre Darleiher diejenigen
Mittel ergreifen, die ihnen die Gesetze zu ihrer
Sicherheit an die Hand geben.

Schleichw. Richtig: Sie müssen sich diese
gefallen lassen. Mundus in maligno positus.

La Br. Vous, vous moquez de moi
Messieurs! Sie werden ja nicht so unbiskret
seyn, Herr Hofrath! und werden mich einsper-
ren lassen?

Schleichw. Non est supponendum.

Seltenm. Ich, mein Herr Baron! werde
nicht so unbiskret seyn, aber Ihre Gläubiger
werden diese Indiscretion haben, und die Gesetze werden sie billigen.

Schleichw. Fortassis, nihil in mundo
impossibile.

La Br.

La Br. Aber man wird ja meinem Gläu=
biger nicht mehr Gehör geben, als mir?

Schleichw. Uti dixi, er ist ein Jud.

Seltenm. Die Gesetze sind für jedermann
gemacht, und die Gerechtigkeit entscheidet über
die Sache ohne Rücksicht auf die Person.

La Br. Cela seroit par exemple fort. —
(beyseite) Ce Plan pec de couseiller — c'est
un home qui n'a point d'education. Ist ein
grober Mann; hat keine Welt. Et bien donc,
Herr Hofrath! was wollen Sie thun?

Seltenm. Ich werde das thun, was Recht
und Billigkeit fodert.

Schleichw. Unmaßgebend könnte man nicht
mit einem Eisenbrief —

Seltenm. Warum dann das nicht? (la=
chend) Eisenbriefe werden nur unglücklichen
Schuldnern gegeben. (beyseite) Und ihr seyd
unglücklich genug, denn ihr habt weder Herz,
noch Kopf.

Schleichw. Verum est, ad moratorium
pertinent diversæ exigentiæ.

La Br.

La Br. Mais ſpas à part. Machen Sie nicht viel Gedränge; mit einem Worte, wenn der Jud mich klagt, und Sie ihm den Wechſel nicht abnehmen wollen, ſo ſind Sie zum wenigſten ſo gütig, und laſſen Sie den groben Schelm auf etliche Wochen einſperren, mittlerweile will ich ſchon ſehen, daß ich das Geld auftreibe.

Schleichw. Etiam. Kann mich auch erinnern, einen ſolchen Caſum gehabt zu haben. In cauſa Moyſis, & — & — fällt mir der Name nicht mehr recht bey.

Seltenm. Ich ſollte den Juden einſperren laſſen?

La Br. Ja ja, den Juden, und finden Sie wohl was Sonderliches darinn? Es iſt nicht, um gegen den Juden eine Injuſtiz zu begehen — ce n'eſt qu'une manie - il faut ſavoir traiter la cauſe. Man muß der Sache eine Wendung geben können.

Schleichw. Nichts als eine Wendung: diverſæ ſpecies, diverſa objecta.

Seltenm. Auf dieſe Wendungen der Sache verſtehe ich mich nicht, und werde mich auch niemal darauf verſtehen.

La Br.

La Br. Tant pis — deſto ſchlimmer, Sie zeigen, daß Sie keine Welt haben.

Schleichw. Salvo meliori, das will ich nicht geſagt haben.

Seltenm. Sie machen mir zu viel Ehre, Herr Baron! und ich muß es Ihnen aufrichtig geſtehen, daß ich zum Wohl der Staaten jedem Juſtizrath wenig ſolche Welt, aber viele Billig= keit wünſche.

La Br. Ha, ha, ha! Quel don Quixotte de la vertu? Ha, ha, ha! Ich mache Ihnen recht mein Kompliment. Sie ſind ein wahrer verehrungswürdiger Ritter der Madame Juſtice. Ha, ha, ha! Allons, Monſieur Schleichwurm! (geht ab)

(Schleichwurm kehrt wieder zurück, und ſagt ganz ſtille zum Seltenmann)

Schleichw. Haben Sie ihm nichts zu un= gut, eſt homo luridiſſimi ingenii, & non defecatæ capacitatis — Unterthänigſter, ge= horſamſter Diener, empfehle mich zu Dero Gnaden.

Neunter

Neunter Auftritt.

Seltenmann allein.

Was dieses doch für alberne Geschöpfe sind! Boshaft und dumm, einer ein Advokat, und der andere ein Mann nach der Mode. — Ein wahrhaftes Original! Armes Vaterland, wo ist deine Stärke? einst hattest du Männer, aber jetzt wollen deine Jünglinge elende Kopien elender Originalien seyn; sie eilen nach Paris, werden dort Weichlinge und Narren, und bringen dir Thorheiten, Laster und Krankheiten zurück. O armes, armes Vaterland! was wird aus dir werden?

Zehnter Auftritt.

Ein Bedienter. Seltenmann.

Bedient. Gnädiger Herr! der Hofkammerrath Ehrlich möchte Sie gerne sprechen.

Seltenm. Es wird mir eine Ehre seyn.

(Bedienter geht ab)

Eilfter

Eilfter Auftritt.

Seltenmann. Ehrlich.

Ehrl. Verzeihen Sie mir, daß ich Sie so frühe überlaufe, mein Herr Hofrath! ich habe eine Angelegenheit, die —

Seltenm. Beßter Freund! zu was diese Entschuldigung? — Kann mir wohl ja ein Besuch angenehmer seyn, als der Ihrige? was steht zu Ihren Befehlen? setzen wir uns.

Ehrl. Sie werden sich nicht einbilden, mein werther Herr Hofrath! was ich Ihnen zu sagen habe: aber an meiner Stirne werden Sie lesen, daß ein Kummer an meinem Herzen nagt; ich habe einen Freund nöthig, und ich glaube, selben in Ihnen zu finden.

Seltenm. Sollte ich so glücklich seyn, diesen Namen zu verdienen?

Ehrl. Ja, Sie verdienen ihn; Sie sind rechtschaffen, und nur der, der Tugend und Rechtschaffenheit liebt, ist der Freundschaft fähig. — Hören Sie also: Nun bin ich wirklich im fünften Jahre verheyrathet. Ich habe, wie Sie

C wissen,

wiſſen, ein Mädchen zu meinem Weib gewählet, das arm war: ich wollte ihr Glücke, und mit dem ihrigen das meinige machen. Zwey Kinder waren das Geſchenk unſrer Liebe. Häusliche Eintracht, gegenſeitige Neigung machten bisher das Glück meiner Tage aus, und o — wer hätte es je geglaubt, daß dieſes Glück nicht immer fortdauern ſollte? — O mein Freund! ſo glücklich ich war, ſo unglücklich bin ich nun; ich weis nicht, durch welche Kunſtgriffe ein gewiſſer La Broche in mein Haus zu dringen wußte — Dieſer Menſch iſt nun der Störer meines Vergnügens. Er raubte mir das Herz meiner Gattinn; brachte ihr die ſchädlichſten Grundſätze bey, und zerſtörte die glücklichſten Tage meines Lebens. Der Niederträchtige wußte es ſo weit zu bringen, daß meine Frau meine Kapitalien heimlich angrief; mir und meinen Kindern das Ihrige entzog, und alles dieſem Böſewichte anhieng — und bald — bald werden wir der Schande und der Armuth Preiſe ſeyn. Ich kann mich bey dieſer Erinnerung der Thränen nicht enthalten.

Seltenm. O ich bedaure Sie; ich muß mit Ihnen weinen. Freund! Thränen in den Augen eines

eines solchen Mannes zu sehen, wie Sie sind,
o das dringt wie ein schneidend Schwert in die
Seele! Aber wo hat denn Ihre Gattinn diesen
Menschen kennen gelernt?

Ehrlich. Sie sah ihn zum erstenmale in
Cassino.

Seltenm. In Cassino — — O das hab
ich oft gedacht! wir sind noch nicht so verdor-
ben, daß wir für so ein Cassino taugen; man
artet bald aus, und solche Zusammenkünfte,
die uns zum gesellschaftlichen Leben bilden sollten, werden bald zu Liebes-Intriquen, und zum
Spiele bestimmt, und die Folgen hievon sind,
daß die häusliche Glückseligkeit manches ehrlichen Mannes auf ewig gestört wird. Der Kleine muß nie der Aff des Größern werden; denn
seine Einkünfte sind verschieden, und unsere
Frauen entehren sich gar nicht, wenn sie ihre
hauswirthschaftlichen Geschäffte und die Aufer-
ziehung ihrer Kinder besorgen. Dieses muß die
Unterhaltung einer ehrlichen Frau seyn, und
dieses ist ihre Pflicht. Wenn ich verheyrathet
wäre, so wollte ich das Vergnügen, mein Weib
und meine Kinder am Abend um mich hersitzen

zu

zu sehen, nicht um alles Cassino in der Welt
vertauschen.

Ehrl. Auch ich nicht, mein lieber Freund!
aber dieses Vergnügen ist mir vielleicht auf ewig
geraubt.

Seltenm. Verzagen Sie nicht: es ist oft
nur ein Augenblick nöthig, in welchem man den
Frauen einsehen läßt, daß nicht sie, sondern
ihre Mittagssuppe geliebt wird. Solche elende
Menschen, die den Stand oder die Uniform
entehren, lassen sich oft leicht entlarven, man
muß nur den Zeitpunkt abwarten können.

Ehrl. Beßter Freund! für mich ist alles
verlohren. O wüßten Sie, welche traurige
Tage für mich hinsanken, seitdem ich so unglücklich bin. Manche Stunde sitze ich so auf
meiner Studierstube, und ich weis selbst nicht,
wie mir ist. Jede Arbeit ist mir zur Last, zu
jedem Geschäffte bin ich unaufgelegt. — Ich
habe schlaflose Nächte, härme mich hinab, und
werde mich hinabhärmen, bis ich in dem
Grabe meinen Kummer auf ewig vergessen
werde.

Seltenm. Armer Mann!

                                    Ehrl.

Ehrl. Ja, wahrhaft arm. Gott! was soll
ich anfangen? — — alles zärtliche Betragen,
alle freundschaftliche Sorge, alles ist vergebens,
ungefühlt gleiten sie über das Herz meiner Frau
hin; meine Gegenwart ist ihr zur Last; jeder
freundschaftliche Blick Marter für ihre irrende
Seele, und Gott! — — was mich doppelt
schmerzt, meine armen Kinder — sie haben
keine Mutter mehr. Den ganzen langen Tag
über keinen gütigen Blick, kein freundschaftliches
Wörtgen. Freund! das ist bitter. Ich kann
diese tägliche Auftritte nicht mehr ertragen: ich
muß, ich muß das Consistorium angehen —
ich muß, ich muß die Ehescheidung begehren.

Seltenm. Beßter Mann! thun Sie diesen
Schritt nicht: wenn Sie glauben, daß ich Ihr
Freund bin, so folgen Sie meinem Rath, ich
beschwöre Sie darum; nur diesen Schritt nicht.

Ehrl. Und warum nicht? —

Seltenm. O Freund! Konsistorial=Pro=
cesse! Hievon kann ich Ihnen am besten ein
trauriges Bild zeichnen. — — Nach langen,
kaum zu erwartenden Zeiten, nach vielen un=

C 3   nützen

nützen und kostbaren Umwegen, nach allen mögs
lichen Verdrüßlichkeiten und Chicanen erhalten
Sie vielleicht am Ende, auf Unkosten Ihres
Vermögens und Ihrer Ehre, einen Spruch, der
Ihre Sache so weit bringt, als wenn sie nie
angefangen wäre: alle möglichen Verläumduns
gen, Abscheulichkeiten und Unwahrheiten brins
gen die Advokaten gegeneinander an, und mas
chen sich Ehre daraus, sich durch Unverschämts
heiten auszeichnen zu können. Wer gröber,
wer lügenhafter seyn kann, der glaubt sich mehr
Ehre gemacht zu haben: und nachdem sie allen
diesen Wust ihrem Anwald um theures Geld
bezahlet haben: so wird der Sentenz zum Theil
von Richtern gesprochen, die keinen Begriff von
Ehesachen haben, die selbst nicht verheyrathet
sind, und die nicht wissen, was traurige Fols
gen solche Ehescheidungen oft nach sich ziehen.
Sie machen sich über die gegentheilige Recesse
lustig; treiben Spaß über die Abscheulichkeiten,
die die ungesitteten Menschen unverschämt zu
Papier brachten, und werden über Sachen las
chen, über welche Sie, mein lieber Freund!
weinen möchten. Es ist nicht anders, als wolls
ten

ten sich einige in dergleichen Fällen an allen Eheleuten ra-fen, weil ihnen die Heyrath ver= sagt ist. O Freund! Freund!

Ehrl. Aber was ist zu thun?

Seltenm. Wir wollen sehen, ob wir Ihre Frau Gemahlinn nicht auf eine andere Art von dem Irrwege wieder abbringen können. Wir müssen suchen, diesen unverschämten Menschen zu entfernen.

Ehrl. Aber auf welche Art? —

Seltenm. Ich empfieng gestern Briefe, und man schrieb mir, daß sich dieser nämliche La Broche wegen falschen Spielen von Paris flüchtig machen mußte.

Ehrl. Was Sie mir sagen! Sollte dieser Mensch wohl gar ein falscher Spieler seyn? —

Seltenm. Vielleicht noch was mehrers, Leute mit so niedrigen Grundsätzen sind zu allen Schandthaten aufgelegt.

Ehrl. Und er hatte noch die Keckheit, den Namen eines Kavaliers zu mißbrauchen!

Sel?

Seltenm. Ja, zu diesem sind sie keck ge=
nug, aber sie bleiben nicht lange unter dieser
Maske; der Schurke ist nicht fähig, den recht=
schaffenen Mann von dem Adel nachzuäffen.

Ehrl. Aber wie hat sich doch uns Him=
melswillen meine Frau in diesen Menschen ver=
sehen können?

Seltenm. Wundern Sie sich nicht: üble
Gesellschaften, eine schlimm getroffene Wahl
einer Freundinn kann eine junge Frau leicht auf
Irrwege führen, und dieses ist hier nicht selten,
dann der Name eines Fremden, o der klingt
prächtig in den Ohren unserer coquetischen Wei=
ber. Herr! bey meiner Ehre, mancher Besen=
binder, so schmutzig und unartig er ist, dürfte
oft nur ein bordirtes Kleid anlegen, sich Che=
valier oder Milord nennen lassen, und er wäre
der gefährlichste Gegenstand für unsere galante
Frauen.

Ehrl. Ha, ha, ha! So wenig ich zum
Lachen aufgerichtet bin, so muß ich doch über
Ihren Einfall lachen. Aber hier kommt wer.

Zwölfter

Zwölfter Auftritt.

Moyses, und die Vorigen.

(Moyses schleicht sich zur Thüre herein, und sieht sich herum, als er aber den Hofkammerrath Ehrlich erblickt, will er wieder fort.)

Seltenm. Was willst du?

Moyf. Nichts, gnädiger Herr! — nichts.

Seltenm. Komm zu einer andern Zeit, du siehst ja, daß ich jemanden auf meinem Zimmer habe.

Ehrl. Ich bitte, Herr Hofrath! lassen Sie ihn bleiben, vielleicht hat er Ihnen was Dringendes zu sagen. Wir können noch genug sprechen.

Seltenm. Weil Sie es also erlauben, mein Freund! Bleib, Moyses! was willst du denn? du kömmst gewiß wegen deinem Wechsel, den dir der Baron La Broche bezahlen soll, nicht wahr? —

Moyf.

Moyſ. Ey doch nein, gnädiger Herr! ich habe zwar ſchon für verlohren gehalten mein Geld, aber — die Frau Hofkammerräthinn, die Frau Hofkammerräthinn —

Ehrl. Freund! ich bin verlohren, das wird wieder mein Weib ſeyn.

Seltenm. Was that ſie dann, die Frau Hofkammerräthinn? —

Moyſ. Sie hat mir gegeben Brillanten — tauſend Thaler im Werth. —

Seltenm. Haſt du ſie bey dir? —

Moyſ. Freylich ja, ich möchte ſie gerne verhandlen.

Seltenm. Laß ſehen.

Moyſ. Hier ſind —
(zeigt die Brillanten her)

Ehrl. Das ſind die Brillanten von meiner Frau.

Moyſ. Ey wehe, ey wehe! das wärä die Brillanten von Ihrer Frau? — Ey, ey! jetzt hab ich gemacht ſchön die Sach. Je nu, bin doch ein ehrlicher Mann, ich habe ſie nicht geſtohlä, stohl, bey meiner Ehr. Wird mir bezahlt der Wechsel, können Sie haben die Brillanten alle Stunde.

Ehrl. Sehen Sie, Freund! wie weit mein Weib herabgesunken ist. Wenn die Sache so fortgeht, so bin ich in Kurzem ein Bettler.

Moyſ. Wie! sollte vielleicht seyn die gnädige Frau verliebt in den Herrn Baron? — O pfui der Schande! da wäre sie angeführt, er ist ein aufgelegter Schwenkmacher, so wahr ich ein ehrlicher Jud bin.

Seltenm. Jud! rede nicht über Sachen, die dich nicht angehen, wir haben deine Anmerkungen nicht nöthig.

Moyſ. Verzeihen Sie! ich will gerne sagen nicht mehr ein Wort, wenn ich nur bekomme mein Geld. Wahrlich, wahrlich, so still will ich seyn, wie eine Maus.

Seltenm. Ich stehe dir dafür.

(schiebt die Brillanten in Sack. Der Jud geht zum Fenster, und in dem Zimmer in einer Entfernung auf und ab)

Ehrl.

Ehrl. Freund! nun haben Sie neue Be=
weise meines Unglücks. So geht ein Stück
nach dem andern fort, ein Hundert nach dem
andern. Meine Einkünfte flecken nicht mehr,
ich kann nicht genug Schulden bezahlen. O
welche Hauswirthschaft, und welches Ende! —

Seltenm. Ich will bey guter Gelegenheit
Ihre Frau besuchen, dann will ich sehen, daß
ich die Rede auf den La Broche wenden kann,
und ich will ihr so ein Gemälde von diesem
elenden Stutzer machen, seinen Karakter mit
solchen Farben entwerfen, daß sie ihn verab=
scheuen muß, wenn sie je noch ein Herz und
eine Seele hat; wenn sie dann gerührt ist;
wenn meine Schilderung ihren schlummernden
Geist wieder erschüttert, und zum Leben erwe=
cket hat, dann will ich mir diesen Augenblick
zum Nutzen machen, alles, was Empfindung
und Gefühl rege machen kann, ihr mit der
wärmsten Freundschaft darstellen; ich will ihr
ihre Kinder hinführen, und alles, was ein Mut=
terherz rühren kann, zur Eroberung ihrer Seele
anwenden, und ich bin Ihnen Bürge, mein
Freund!

Freund! sie wird wieder zur Tugend zurückkehren.

Ehrl. Wollte Gott!

Moys. Eine Kutsche, eine Kutsche! die
Frau Hofkammerräthinn und La Broche stei-
gen bey Ihrem Hause ab.

(Seltenmann läuft zum Fenster)

Seltenm. Ja, sie sind es, bester Freund!
gehen Sie geschwind auf mein Kabinet. (er
öffnet ihm das Kabinet, in welchem sich
Ehrlich verbirgt.) Zum Moyses: Jud!
du sehe, daß du weiter kömmst.

Dreyzehnter Auftritt.

La Broche. Die Fr. Hofkammerräthinn,
und Seltenmann.

(Binnen der Zeit, als *La Broche* und Frau
Ehrlich in das Zimmer treten, schleicht
sich Moyses zur Thüre hinaus.)

Seltenm. Welchem glücklichen Zufalle habe ich die Ehre zu verdanken, Euer Gnaden in
meinem Hause zu sehen? ——

Fr,

Fr. Hoff. O mein lieber Herr Hofrath! Es ist eine traurige Sache, in der ich Sie um Ihren Beystand anflehen muß.

Seltenm. Eine traurige Sache? — so ist es mir unendlich leid, daß ich das Vergnügen, Euer Gnaden zu sehen, nicht so ganz genießen kann, wie ich es wünsche: ich schätze mich jedennoch ganz glücklich, wenn es in meinen Kräften stehen sollte, Euer Gnaden auch in diesem traurigen Zufalle dienen zu können.

(Binnen der Zeit, als Seltenmann und die Hofkammerräthinn miteinander sprechen, geht *La Broche* mit dem Fernglas in dem Zimmer auf und nieder, und besieht ein kleines Gemälde, das an der Seite hängt.)

Fr. Hoff. Ich bin Ihrer Güte versichert, mein lieber Herr Hofrath!

Seltenm. Wollen Euer Gnaden nicht so gütig seyn, sich niederzulassen? — Herr Baron, wollen Sie Platz nehmen? —

La Br. Verzeihen Sie, Herr Hofrath! ich bin so ein Liebhaber von Malereyen, daß kein

solcher

folcher in der Welt ist. J'aime la peinture à
la folie. Sie haben da ein Stück, das mich
frapirt hat. Gnädige Frau! sehen Sie einmal
dieses Bild an.

Fr. Hoff. Es ist schön.

Seltenm. Es ist nicht übel, es ist noch
ein Erbtheil von meinem Vater.

La Br. Parpleu! es ist göttlich. Sehen
Sie, Madame! diese Colorit, diese edle Züge,
sie sind die Ihrigen. Ich wollte schwören, der
Maler hat Ihr Portrait machen wollen.

Fr. Hoff. O Sie spaßen, Herr Baron!

La Br. Dieses Bild ist die schöne Helena,
und wie diese die schönste damals in der Welt
war, so sind Sie es dießmal in der Stadt.

Seltenm. Sie irren sich, Herr Baron!
dieses Bild ist die Lucretia.

La Br. Die Lucretia? — Ha ha ha! die
Närrinn, die sich der Keuschheit wegen erstach,
ha ha ha! c'est une Fable. Nicht wahr, gnä=
dige Frau! wegen der Tugend bringt sich kein
Frauenzimmer mehr um.

Fr.

Fr. Hofkamm. Darnach die Umstände sind.

La Br. Was glauben Sie wohl, Herr Hofrath? —

Seltenm. Ich glaube, daß es nicht wohl anständig ist, in Gegenwart eines Frauenzim=mers über solche Gegenstände zu sprechen.

La Br. Ha ha! cheniren Sie sich nicht, sagen Sie, was Sie wollen. Nous nous en-tendons. Die gnädige Frau und ich verstehen uns, je suis l'ami de la maison.

Seltenm. Wenn Sie diesen Mann als ein rechtschaffener Mann sollen verdient haben, so ist es mir unendlich lieb. Aber lassen wir die Nebensachen: in was kann ich Ihnen die=nen, gnädige Frau?

Fr. Hofkamm. O mein Herr Hofrath! ich habe ein Anliegen auf meinem Herzen — Es geschah was in meinem Hause, ich muß — (zu dem Baron beyseite) Ich kann es nicht sagen, ich kann das unschuldige Mägdchen keines Diebstahls beschuldigen, es ist mir un=möglich.

La Br.

La Br. (zur Hoffammerräthinn) So wollen Sie mich lieber im Schuldenthurme wissen? — — ich habe es mir schon gedacht. Mais Madame! wenn Sie nicht —

Seltenm. Was soll das, gnädige Frau! — was fehlt Ihnen? —

Fr. Hoffamm. Der Herr Baron wird Ihnen alles erzehlen.

La Br. Et bien donc. So will ich es erzehlen. Die Madame hat ein impertinentes Kammer = Mägdchen. C'est une Fille de la derniere classe, une Friponne, ich darf Ih= nen nur par parenthese erzehlen, was sie mir that. Ich wollte so ein wenig Spaß treiben. Mort bleu! da gab sie mir eine Ohrfeige, daß mir schier alle Zähne in Hals fielen. C'est une grossiere bavaroise, & bien que voulez vous elle vole come un corbeau, der Ma= dame ihre Brillanten sind hin: sehen Sie, Herr Hofrath, je suis un honette homé, und da will ich Ihnen meinen Kopf zum Pfand geben, que cette Fille est la Voleuse.

D   Seltenm,

Seltenm. Wie, Euer Gnaden ist ein Schmuck entwendet worden? —

Fr. Hoffamm. Ja!

La Br. Surement.

Seltenm. (sieht die Hoffammerräthinn ernsthaft an) Ja, Madame? —

La Br. (er stößt die Hoffammerräth.) Que vous étes empreunte dites donc oui.

Fr. Hoffamm. Ja.

Seltenm. Und die gnädige Frau haben den Verdacht auf das Kammer-Mägdchen?

Fr. Hoffamm. Ja. (sie steht eilfertig auf. Zu dem Baron) In was für einen Embaras setzen Sie mich? —

La Br. Parceque vous êtes une sotte.

Seltenm. Aber, gnädige Frau! Ihr Mund sagt Ja, und Ihre Stirne sagt Nein. Was soll ich schließen? — — Sie haben ein gutes Herz, Sie werden keinem Verdacht Raum geben, wenn er nicht gegründet ist. Es sieht Ihrer Seele gar nicht ähnlich, daß Sie eine unschul-

unschuldige Person wollten unglücklich machen.
Auf Ihr Wort will ich das Mägdchen sogleich
in Verhaft setzen lassen; Ihre Aussage und die
Aussage des Herrn Barons sind hinlänglich ge=
nug, sie zu überweisen, und künftige Woche
soll Ihr Blut Ihnen für die entwendete Bril=
lanten Genugthuung verschaffen.

Fr. Hoffamm. (ganz erschrocken) Ihr
Blut? —

Seltenm. Ja — ihr Blut. Sie erschre=
cken? — — die Sache ist ja ganz natürlich.
Ich will sogleich Anstalt machen.

Fr. Hoffamm. O halten Sie noch ein.
(zum *La Broche*) Aber Baron! —

La Br. Que diable! laiffez le faire.

Seltenm. Ich will nicht hoffen, daß der
Herr Baron einen ungegründeten Verdacht —

La Br. O point de tout!

Seltenm. Sagen Sie mir also, Herr Ba=
ron! würden Sie die Brillanten wohl kennen,
wenn Sie dieselbe sehen sollten? —

D 2   *La Br.*

La Br. Oui ma fois.

Seltenm. (zieht die Brillanten aus der Tasche) Sind Sie so gütig, und sehen Sie diese einmal an.

Fr. Hoffamm. Gott! was wird aus mir werden!

Seltenm. Sind Sie ruhig, gnädige Frau! (zum *La Broche*) Und Sie erstaunen, Herr Baron? — — O geben Sie sich nicht mehr Mühe, auf eine neue Lüge zu denken! Sie haben Ihre Rolle lang genug gespielt; es ist Zeit, Ihnen die Larve vom Gesichte zu reissen.

La Br. Mort bleu, & toutes les diables!. — je suis un Cavalier — Monsieur! (will den Degen ziehen)

Seltenm. Herr! stille, oder ihr sollt im Augenblicke die Gewalt der Gesetze fühlen. Laßt euren Degen ruhig in der Scheide, zur Beschützung eurer Ehre ist es nicht nöthig, daß ihr ihn ziehet; denn ihr habt nie um einen Heller Werths in eurer Seele gehabt. Madame! dieser Mensch ist ein falscher Spieler —

Un=

Unglücklicher! war es dir nicht genug, die häusliche Ruhe dieser ehrlichen Leute zu stören, sie um ihr Vermögen zu bringen, du wolltest auch noch Menschenblut fließen lassen? Aber ich weis, wer du bist: da lies. (giebt ihm einen Brief) Ich wäre berechtigt, dich sogleich in Kerker hinführen zu lassen: aber um der Ehre und dem Ruf dieser würdigen Frau zu schonen, so will ich dich gehen lassen. Räume aber alsobald die Stadt und das Land.

(er schällt)

Vierzehnter Auftritt.

Der Schreiber, und die Vorigen.

La Br. Monſieur, je vous conjure.

Seltenm. Kein Wort mehr; geh — — Elender! (zum Schreiber) Führt dieſen Menſchen an die Thüre.

(Der Schreiber und *La Broche* gehen ab)

Seltenm. Noch ein Wort: (der Schreiber kehrt zurück, Seltenmann ſagt ihm

leiſe)

leife) Geht in das Haus des Hofkammer-
raths Ehrlich, und führt seinen Sohn hieher:
wenn er hier ist, behaltet denselben einsweilen
auf eurem Zimmer, bis ich euch rufe. — —
Habt ihr mich verstanden?

Schreib. Ja, gnädiger Herr!

(geht ab)

Fünfzehnter Auftritt.

Seltenmann. Die Frau Hofkammerräthinn.

(Die Frau Hofkammerräthinn sitzt auf
einem Sessel, und verbirgt ihr An-
gesicht in einem Schnupftuch.)

Seltenm. (steht eine Weile tiefsinnig
da, endlich) Gnädige Frau!

Fr. Hofkamm. Gott! wie bin ich be-
schämt!

Seltenm. Sie irren sich. Es ist keine
Schande, von dem Irrwege wieder zur Tugend
zurück-

zurückzukehren; segnen Sie vielmehr den glück=
lichen Augenblick, der vor Ihren Augen diesen
Abschaum von Menschen entlarvet hat. Ihr
Herz fieng für die Tugend und Rechtschaffen=
heit zu schlummern an, fluchen Sie den Zufall
nicht, der Ihre Seele von diesem Schlafe wie=
der aufweckte.

Fr. Hofkamm. Ich kann Ihren Blick
nicht ertragen, ich schäme mich.

Seltenm. Ich bin ihr Freund, ich darf
Ihnen Vorstellungen machen, ich muß sie Ih=
nen machen, in der Lage, in der Sie sind.
O gnädige Frau! Sie schämen sich nun vor
mir, und wann schämen Sie sich? — in dem
Zeitpunkt, in dem Sie wieder in den Schoos
der Tugend zurückkehren. Jetzt ist es nicht
Zeit, sich zu schämen; dort, Madame! als
Sie die Geschäffte Ihrer Hauswirthschaft verlie=
ßen; als Sie Ihren Mann nicht mehr achteten;
als die ganze Stadt mit Fingern auf Sie zeigte,
und einer dem andern ins Ohr wispelte: Sehet
dort! dieser Stutzer ist der Liebhaber der Frau
Hofkammerräthinn: dort wäre es Zeit gewesen,
sich zu schämen — — aber ich will Ihrem

Her=

Herzen keine Vorwürfe machen. Sie waren
verführt, und die beßte Frau kann verführt
werden.

Fr. Hofkamm. Ich sehe es zu gut ein, beß=
ter Freund! wie weit ich gefallen bin. Ach! —

Seltenm. Sie sehen es ein? — O wel=
cher Kummer muß Ihre Seele zerreissen! Sie
haben Kinder, nicht wahr? —

Fr. Hofkamm. Ja, zwey Kinder.

Seltenm. Was haben Ihnen dann diese
unschuldigen Geschöpfe gethan, daß Sie die=
selbe verließen? Sie vergaßen, daß Sie Mut=
ter waren; sorgten nicht mehr für sie, sondern
nur für einen Nichtswürdigen: Vermögen,
Erziehung, alles raubten Sie ihnen, und ga=
ben ihnen das schändlichste Beyspiel. Waren
sie dann nicht aus Ihrem Blut, haben Sie
vergessen können, daß Sie dieselbe einst unter
Ihrem Herzen trugen? — —

(er schällt)

Sechs=

Sechzehnter Auftritt.

(Der Schreiber führt den Sohn des Hof=
kammerrath Ehrlich herein, geht wie=
der ab.)

Karl. (fällt seiner Mutter um den Hals)
Wie! sind Sie da, liebe Mama? —

Frau Hofkamm. O laß mich) —

Karl. (läuft zum Seltenmann.) Lieber
Herr! unsere Mama ist immer bös auf uns,
und wir haben ihr doch nichts gethan — O
liebe Mama! sind Sie doch wieder gut. — O
Herr! bitten Sie doch auch, daß sie wieder gut
werde — ich will schon brav lernen, und fromm
seyn.

Seltenm. (nimmt den Knaben auf den
Arm) Herrliches Kind! laß dich küssen. Da
sehn Sie einmal, gnädige Frau, dieses Kind an,
und wenn keine Vorwürfe in Ihrer Seele er=
wachen, so muß die Natur eine Lügnerinn
seyn. O Sie waren wahrhaft grausam —

Fr. Hofkamm. Verschonen Sie mich —
verschonen Sie mich!

Seltenm.

Seltenm. Sie waren wahrhaft grausam.
Nicht genug, daß Sie nicht mehr Mutter für
Ihre Kinder waren; Sie wollten ihnen auch
ihren Vater noch entreissen. Harm und Gram
nägt an seiner Seele; sein Aug sucht verge=
bens seine Gattinn. Sie ist nicht mehr für
ihn; er wird bald zur Grube hinsinken, ewig
für Sie verlohren seyn, und sein letzter Wunsch
wird der Tod seiner Kinder seyn. Denn wenn
Sie ohne Mann, ohne Kinder, ohne Vermö=
gen sind, werden Sie als eine verachtete
Wittwe herumgehen, Barmherzigkeit betteln,
und Verachtung der Armuth ertragen. Jeder
Laquay wird Sie aushöhnen: da ist auch die
wieder, wird er sagen, die ihren ehrlichen
Mann für Verdruß in die Grube gebracht hat:
die Coquette, dieser Höfling, dieser Officier,
dieser Stutzer, und so wird er ihre Galans
an den Fingern herabzählen, waren ihre Lieb=
haber. Aber recht so, wird er sagen, und ihre
Stirne wird mit der Schande ewig gebrand=
markt seyn, und nicht einmal die Ansprüche des
unglücklichsten Menschens — die Ansprüche
auf Mitleid werden Sie mehr haben.

Karl.

Karl. Sie müssen mit meiner lieben Ma=
ma nicht zanken — sonst mag ich Sie nicht
mehr.

Frau Hoffamm. Grausamer Mann! —
Sie tödten mich mit Ihren Vorstellungen.
Mein Mann! — meine Kinder! ich habe euch
verlassen, wo soll ich euch wieder finden?
(umarmt Karln)

Karl. Sie haben uns verlassen wollen,
Mama — O jezt weis ichs, warum der
Papa so oft geweinet hat — Lieber Karl!
sagte er: Bethe fleißig, daß uns unsre Mutter
wieder lieb hat — und ich hab auch unsern
lieben Herr Gott gebethen — O liebe Ma=
ma! Sie verlassen uns nicht mehr — nicht
wahr? wo würde ich und mein Bruder hin=
gehn.

Frau Hoffamm. Mein lieber Karl! ich
will ganz Euer seyn.

Seltenm. Im Schooße der Tugend und
der Rechtschaffenheit, beßte Frau! finden Sie
Ihre ganze Familie wieder. Versprechen Sie
mir Ihre Besserung? —

Frau

Frau Hoffamm. Ob ich fie verspreche? O fragen Sie mich, ob ich mein Wohl will? —

Seltenm. Gut, fo versprechen Sie mir auch, daß Sie die Marionetten=Geschöpfe unserer Stadt, die man die galante Frauen nennt, fliehen wollen. Ohne den Umgang diefer Puppen=Seelen wären Sie nie fo weit gesunken. Ich bitte Sie, lernen Sie diefe bedaurenswürdige Geschöpfe kennen. Wie er= niedrigend ist ihr Karakter? Sie laffen fich wie Docken behandeln: dienen bald einem Höf= ling, bald einem Tänzer zum Zeitvertreib, dann wirft fie jeder, wenn ihm die lange Weile ankömmt, verächtlich in einen Winkel hin, bis ein Dritter die Güte hat, fie wieder für feine Unterhaltung hervorzuziehen. — O Frauen, Frauen! hat denn die Ehre keine Ge= walt über eure Herzen? —

Frau Hoffamm. Ich verdiene alles, was Sie mir immer fagen können, aber haben Sie Mitleid mit mir, geben Sie mir meinen Mann wieder.

Seltenm.

Seltenm. Sie sollen ihn haben. (öffnet das Kabinet, und führet den Hofkammer= rath Ehrlich heraus.)

Siebenzehnter Auftritt.

Ehrlich, und die Vorigen.

Seltenm. Hier ist Ihr Mann, zeigen Sie, ob Sie seine Frau sind.

Frau Hofkamm. (fällt ihrem Manne zu Füßen, er hebt sie aber gleich wieder auf) Beßter Mann! wirst du mir verzei= hen? —

Ehrlich. Ich habe alles gehört. Mein Herz hat dir verziehen. Grausame! hab ich nicht Kinder? — Bist du nicht ihre Mut= ter? —

Frau Hofkamm. Theuerster Mann! wie war es mir möglich, dich zu verkennen! (sie weint)

Karl. Lieber Papa — o lieber Papa!

Ehrlich (umarmt sein Weib und sein Kind.)

Karl.

Karl. Sie müssen nicht weinen, Mama — der Papa hat Sie ja recht lieb —

Seltenm. Gutes Kind! wie war es mir möglich, deinen Vater zu verkennen — Weinen Sie nicht, gnädige Frau! aber handeln Sie. Thränen sind nur Beweise einer minutenlangen Reue, aber Handlungen zeigen allein eine wahre Besserung an.

Frau Hoffamm. Trefflicher Mann! ich habe Ihnen mein Glück, und das Glück meiner Kinder zu danken.

Seltenm. Sie haben mir nichts zu verdanken: alles, was ich gethan, war meine Pflicht. O wie traurig wäre das Amt eines Raths, wenn uns dasselbe nicht manche Gelegenheit gab, unsern Mitmenschen Gutes zu thun.

www.ingramcontent.com/pod-product-compliance
Lightning Source LLC
Chambersburg PA
CBHW021821190326
41518CB00007B/693